有锋芒的善良，才能让人生闪亮。

愿你的生活
既有善良，又有锋芒

宿春礼 编著

吉林出版集团股份有限公司

图书在版编目（CIP）数据

　　愿你的生活既有善良，又有锋芒/宿春礼编著.--
长春：吉林出版集团股份有限公司，2018.9
　　ISBN 978-7-5581-5791-2

　　Ⅰ.①愿… Ⅱ.①宿… Ⅲ.①散文集－中国－当代
Ⅳ.①I267

　　中国版本图书馆 CIP 数据核字（2018）第 221506 号

YUAN NI DE SHENGHUO JI YOU SHANLIANG， YOU YOU FENGMANG
愿你的生活既有善良，又有锋芒

编　　著：宿春礼
出版策划：孙　昶
责任编辑：刘晓敏
装帧设计：韩立强
插画绘制：袁小乱
出　　版：吉林出版集团股份有限公司
　　　　　（长春市福祉大路 5788 号，邮政编码：130118）
发　　行：吉林出版集团译文图书经营有限公司
　　　　　（http://shop34896900.taobao.com）
电　　话：总编办 0431-81629909　营销部 0431-81629880 / 81629900
印　　刷：天津海德伟业印务有限公司
开　　本：880mm×1230mm　　1 /32
印　　张：6
字　　数：128 千字
版　　次：2018 年 9 月第 1 版
印　　次：2021 年 5 月第 3 次印刷
书　　号：ISBN 978-7-5581-5791-2
定　　价：32.00 元

印装错误请与承印厂联系　　电话：022-82638777

前言

　　善良，一直以来都被认为是一种优点，一种良好的品质，然而善良的人就一定处处受欢迎，处处吃得开吗？

　　生活中，善良的人无处不在，他们生活在我们周围，是一个又一个普通人。然而善良的人的生存状况，有时却不尽如人意。善良的人勤勤恳恳，忙忙碌碌，却少有出人头地；善良的人做人谨慎，处处小心忍让，却常常被误会；善良的人努力做事，到头来却多半为他人作了嫁衣裳；善良的人也想事业有成，却常常化为一场泡影；善良的人也想开创大业，却多半明日复明日，岁月空蹉跎；善良的人也想改变命运，奈何始终是赚钱难，加薪难，升职难，成功难……

　　而与此形成鲜明对比的是，在这个世界上，总有那么一些人，他们事业有成，运筹帷幄，在社交场合应对自如、谈笑风生，他们志得意满，从不看人脸色，从不会卷入是非……

　　我们不禁要问，是什么造成了这样的差异呢？

　　答案就是做人。做人方式的不同，常常会造成不同的人生。世人在同一片土地上生活，但人与人之间的生存状况却有着天壤之别。为什么善良的人的处境总是那么尴尬呢？原因就在于善良的人为人处世太过老实本分。善良固然没错，但是在今天，做人更需要能变通，敢表现，善竞争，有闯劲，有魄力。过于温吞的做事方式让善良的人总是与成功隔岸相望，过于刻板的做人教条让善良的人无法出人头地，过于模糊的处世原则让善良的人处处受限制。

那么在竞争激烈的现代社会，善良的人应如何改变生存状况，成就幸福人生呢？那就是既要善良又要有点锋芒。

我们要改变自己，要同他人建立良好的人际关系，我们要学会保护自己，懂得如何争取成功的机会。善良而又智慧的人必定能活出自己的精彩，收获属于自己的幸福人生。

第三章　绵里无针，你的忍让会让你任人欺凌

第四章　真心也要防心，处人先要识人

第五章　该拒绝时就拒绝，别让不好意思害了你

第六章　太谦虚也是错，是金子就要放出光芒

第七章　有魅力的善良，才能让人生闪亮

第八章　善良加点"坏"，更快获得爱

第一章
你所谓的善良，或许是软弱的借口

你的善良成就别人的强硬

泰德是某出版社的职员，由于他是从外地应聘来的，所以在工作中他处处小心、事事谨慎。对每位同事他都毕恭毕敬；与同事发生小摩擦，他从不据理力争，总是默默地走开。大家都认为他太老实，都不把他当回事，以至于在许多事情上总是他吃亏。想起两年来同事们对自己的态度，尤其在奖金分配上自己老是吃亏这些事，泰德心里觉得委屈。于是他不得不对自己的为人处世方式进行反思。

有一天，办公室的一位同事因为擅离岗位丢失了东西。这位同事嫁祸给泰德，说是他代自己值的班。主任在会上通报这件事时，泰德马上站了起来，说道："主任，今天的事你可以查一查值班表。今天根本就不是我的班，怎么能由我来负责？主任，有人别有用心，想让我替他顶罪。并且，我要多说一句，大家在一起共事也是有缘，我实在是不想和同事们争来争去。以后，谁要再像以前那样对待我，对不起，我只能以牙还牙了。"

经过这件事，泰德发现同事们对他的态度有了明显的转变。

他也不打算继续扮演处处受人欺负的老实人角色了。

人与人之间的地位是平等的。在办公室里不能太过老实，像个软柿子一样，否则，你就会成为别人欺辱的对象。随着社会的发展，职场竞争日趋激烈，如果你以一个"弱者"的姿态示人，不但不会引起别人的同情，相反，还会使大家都想往你头上踩上一脚。所以，请收起你的懦弱，藏起你的老实，勇敢地面对竞争。只有这样，你才能进步和发展，才能创造出更多的成绩。

正直不等同于愚憨

做人固然需要正直，但是如果一味愚憨，不分对象，则一定会吃亏乃至失败。与品行不端之人打交道，就要灵活应对，不该软弱的时候千万不能软弱。

东晋明帝时，中书令温峤备受明帝的信赖，大将军王敦对此非常不满。于是王敦请求明帝任温峤为左司马，归自己管理，准备等待时机除掉他。

温峤为人机智，洞悉王敦的目的后便假装恭敬，时常在王敦面前献计，使他对自己产生好感。

除此之外，温峤还有意地结交王敦唯一的亲信钱凤，并经常对钱凤说："钱凤先生才华、能力过人，经纶满腹，当世无双。"

因为温峤在当时一向被人认为有识才看相的本事，因而钱凤听了这番赞扬心里十分受用，和温峤的交情日渐加深，同时常常在王敦面前说温峤的好话。透过这一层关系，王敦对温峤的戒心渐渐解除，甚至将其视为心腹。

不久，丹阳尹辞官，温峤便对王敦进言："丹阳之地，乃京都之咽喉，必须有才识有担当的人去担任才行。"

愿你的生活既有善良，又有锋芒

王敦深以为然，就请他谈自己的意见。温峤诚恳答道："我认为没有人能比钱凤先生更合适了。"

王敦又以同样的问题问钱凤，因为温峤推荐了钱凤，碍于情面，钱凤便说："我看还是派温峤去最合适。"

王敦便推荐温峤任丹阳尹，并让他留意朝廷的动静，随时报告。

温峤接到任命后，马上就做了一个小动作。原来他担心自己离开后，钱凤会在王敦面前进谗言，自己会被召回，便在王敦为他饯别的宴会上假装喝醉了酒，歪歪倒倒地向在座同僚敬酒。敬到钱凤时，钱凤未及起身，温峤便以笏（朝板）击钱凤束发的巾坠，不高兴地说："你钱凤算什么东西？我好意敬酒，你却不饮？"

钱凤没料到温峤一向和自己亲密，竟会突然当众羞辱自己，一时间神色愕然，说不出话来。王敦见状，忙出来打圆场："他醉了，他醉了。"

钱凤见温峤醉醺醺的样子，又听了王敦的话，也没法发作，只得咽下这口恶气。

温峤临行前，又跟王敦苦苦推辞，强调自己不愿去赴任，王敦不许。温峤出门后又转回去，痛哭流涕，表示舍不得离开大将军，请他任命别的人。

王敦大为感动，只得好言劝慰。温峤出去后，又一次返回，还是不愿上路。王敦没办法，只好亲自把他送出门，看着他上车离去。

钱凤受了温峤一顿羞辱，头脑倒清醒过来，对王敦说："温峤素来和朝廷亲密，又和庾亮有很深的交情，怎会突然转向，其中一定有诈，还是把他追回来，另换别人出任丹阳尹吧。"王敦已被温峤彻底感动了，根本听不进钱凤的话，不高兴地说："你这人气量也太小了，温峤昨天喝醉了酒，得罪了你，你今天就进谗言加害他！"

钱凤有苦难言，也不敢深劝。

温峤安全返回京师后，便把在大将军府中获悉的王敦反叛的计划告诉朝廷，并和庾亮共同谋划讨伐王敦的计划。

王敦这才知道上了温峤的当。然而，王敦已经鞭长莫及，更无法挽救失败的命运了。

在面对坏人时一定要收起自己的正直秉性，采取更灵活的方法应对。温峤在处理同王敦、钱凤等人的关系时，运用了一整套娴熟的处世技巧，不但保护了自己，还主动出击，取得了胜利。

正直的人总是因为做事坦荡而使自己处于明处。要想躲过别人的袭击，就必须学会保护自己。

正直不等同于愚戆，正直的人也可以使用谋略，也可以以其人之道还治其人之身。只有这样，正直的人才能避免遭受到伤害。

善良过了底线，也是一种"罪"

春秋时，齐桓公死后，宋襄公不自量力，想接替齐桓公当霸主，但是，遭到了其他诸侯的反对。宋襄公发现郑国在积极支持楚国称霸，便想找机会征伐郑国。

这一年，宋襄公亲自带兵去征伐郑国。楚成王发兵去救郑国，但他没有直接去郑国援助郑国军队，而是率领大队人马直奔宋国。宋襄公慌了手脚，只得带领宋军连夜往回赶。等宋军在涨水的岸边扎好了营盘，楚国兵马也到了对岸。公孙固劝宋襄公说："楚兵到这里来，不过是为了援救郑国。咱们从郑国撤回了军队，楚国的目的也就达到了。咱们力量小，不如和楚国讲和算了。"

宋襄公说："楚国虽说兵强马壮，可是他们不讲仁义；咱们虽说兵力不足，可是行的是仁义之举。他们的不义之兵，怎么能打得过咱们这仁义之师呢？"宋襄公还下令做了一面大旗，绣上"仁义"二字。

天亮以后，楚军开始过河了。公孙固对宋襄公说："楚国人白天渡河，这明明是瞧不起咱们。咱们趁他们渡到一半时，迎头打过去，一定会胜利。"宋襄公还没等公孙固说完，便指着头上飘扬的大旗说："人家过河还没过完，咱们就打人家，这还算什么仁义之师呢？"

楚兵全部渡了河，在岸上布起阵来。公孙固见楚兵还没调整好队伍，赶忙又对宋襄公说："楚军还没布好阵势，咱们抓住这个机会，赶快发起冲锋，还可以取胜。"

宋襄公瞪着眼睛大骂道："人家还没布好阵就去攻打，这算讲仁义吗？"

正说着，楚军就如洪水般地冲了过来。宋国的士兵吓破了胆，一个个扭头就跑。宋襄公手提长矛，想要攻打过去，可还没来得及往前冲，大腿上就中了一箭，身上也有好几处受了伤。多亏了宋国的几员大将奋力冲杀，才把他救出来。等他逃出战场，兵车已经损失了十之八九，再看那面"仁义"大旗，早已无影无踪。老百姓见此惨状，对宋襄公骂不停口。

可宋襄公还觉得他的"仁义"取胜了。公孙固搀扶着他，他一瘸一拐地说："讲仁义的军队就得以德服人。人家受伤了，就不能再去伤害他；头发花白的老兵，就不能去抓他。"那些跟着逃跑的将士听了宋襄公的话，只得叹气。

确实，善良有时也是一种"罪"，在不该讲仁义的时候就要坚持原则和遵从事物发展的规律，切不可让自己偏狭的"善念"过度泛滥，让自己和身边的人都品尝因此结出的苦果。

你那么好说话，无非是因为没有原则

今天，仿佛所有的事情都堆到了一块，让林丽感到喘不过气来。"林丽，把这份文件送到市场部。"电话那头，经理有了最新指示，林丽只能放下手头的工作。送文件回来后还没来得及坐下，小张又说："林丽，赶紧帮我发个传真。""还有，回来时顺便帮我带杯咖啡啦。"小田不失时机地说。

林丽皱了皱眉头，虽然嘴上没说什么，但是心里极不爽。作为新人，林丽工作还没上手，经常要麻烦同事帮忙，所以只要力所能及地帮其他同事做事，希望能够更快地融入新的环境。但是没有想到，不知从何时起，林丽竟成了"人民公仆"，同事们有什么事情都习惯性地差遣她，什么杂务都叫她去做：这个叫她去复印，那个叫她送文件……

她感到很郁闷！当她端着小王要的咖啡走进办公室时，刚好撞见了经理。经理看了看她，一脸的不快，皱着眉头说："小林，你怎么老是进进出出的？"林丽哑巴吃黄连，有苦说不出。而小王他们只是抬头看了她一眼，就马上低头各忙各的了。当同事们忙工作时，自己却放下手头的工作，忙着给他们发传真、端咖啡、送文件，做一些鸡毛蒜皮的杂务！当同事们得到经理表扬时，自己却挨经理的批评！林丽越想越气，感觉眼泪要流下来了。

如果遇到这样的情况，你是不是也会感觉冤枉？为了满足别人的需求，你花费了那么多的时间和精力，却被说成一个在工作中缺少主动意识的人，只能在别人的计划中以谦卑的姿态分一杯羹吃。你不禁委屈道："真不公平啊，我这样对他们，竟换不来他们的感激，反而被他们鄙视。"事实上，这是很自然的一种质变。如果你偶尔帮助别人做一些事务性工作，并一再强调自己分身乏术，别人觉得你对他的帮助非常难得，因此感激你；可如果当你经常性地主动帮助别人，别人习以为常后会认为这是你"应该做的"。

你的工作量不停增加，这还是小事，只是你辛苦点罢了，最重要的是在帮助别人之前如果没有搞清楚事情的来龙去脉，很可能就会背黑锅，犯错误都说不定。看来"老好人"不好当呀，很可能费力不讨好。

要想打破这种局面，就要敢于说"不"。你不敢说"不"，不敢拒绝的原因，是你太在乎对方的反应，你在担心：他（她）会因为我的拒绝而愤怒。但事实上，你才应该

愿你的生活既有善良，又有锋芒

是那个感到愤怒和不安的人，因为你违心地答应了别人的要求。要拒绝别人，又不想让别人觉得你冷漠无情、自私自利，下面有几种方法能帮助你找到合适的借口，让你大大方方地说"不"。

1. "不，但是……"

你的新下属在大家工作忙得不可开交的时候，想请一天假。你可以说："我想可能不行，但是如果你能在请假前的几天里，利用休息时间多做一些工作，我认为你请假会比较恰当。"你拒绝了对方的请求，但你同时让对方知道了改变自己决定的可能性，即如果对方能按你的要求去做，你会同意他（她）的请求。

2. "这是为了你好……"

一个刚失业的朋友正在找工作，他听说你所在的公司正在招聘便跃跃欲试。你发现他并不是那份工作的合适人选，但他却说："你能向上级推荐我吗？"你可以说："我觉得那份工作并不适合你，你是一个很有创造能力的人，但我们公司正在寻找一个数学方面的人才。"你的朋友需要的是诚恳的建议，如果那份工作真的不适合他，你的拒绝便是在帮助他节省时间。

3. 欲抑先扬

一个同你关系要好的同事想升迁，在洗手间里她问你：

"你现在一个月挣多少钱？"你可以说："我觉得这次你会成功晋升的，因为你确实很有能力，但关于我的薪水，无可奉告。"先强调你想肯定的那个部分，那么说起"不"来，会容易得多。在这种情况下，对方往往不会再和你谈论那些无足轻重的话题。

4. 话题引导

你的朋友常拖家带口地在你家借宿，而她却从来不邀请你去她家借宿。你可以说："我们都很喜欢你的宝贝女儿，但今晚不太方便，而且我觉得孩子们对我家已经没什么新鲜感了，要不哪天我带着孩子去你们家留宿？"在拒绝对方的时候，你把话题引到了真正的原因上，也就是说，你在积极地解决问题。

交浅言深是人际交往的大忌

传说，上帝创造世间万物之初，猫的本领比老虎大，于是老虎就拜猫为师。经过一番勤学苦练之后，老虎的本领变得十分了得，成了森林之王。按理说，功成名就的老虎应该心满意足了，可是老虎总觉得拜猫为师的事不光彩，怕传出去后受百兽讥笑，于是就起了灭口之心。

有一天，老虎终于向猫下了毒手，穷追猛咬，试图将猫置于死地，情急之下猫一下子跳到了树上，老虎在树下张牙舞爪却无可奈何。吓出一身冷汗的猫十分后怕地说："幸亏我留了一手，不然今天就死于逆徒之口了！"

这是一个老掉牙的故事，提醒我们在没有百分之百了解对方的前提下，要保持自己的"核心战斗力"。

为什么故事中的猫能逃脱虎口，原因是它没有亮出自己最后的底牌。为人处世也是这样，应该尽量设法保持自己的神秘，轻易亮出自己底牌的人很容易输掉。即使对方是貌似忠厚的老实人，也不可掉以轻心。

碰上貌似老实的人，人们往往一见如故，把"老底"全都抖给对方，希望会因此成为其知心朋友。但在现实中，更多可能的情况是：你并不了解对方，不确定对方是否真诚。所以说，对摸不清底细的人，千万不要交浅言深。否则，吃亏受伤害的将是你自己。

李厂长出差的时候在火车上遇见一位"港商"，二人一见如故，互换了名片。这位港商举手投足之间都显示出一种贵族气质，这让李厂长对其身份毫不怀疑。恰巧二人的目的地相同，港商又对李厂长的产品非常感兴趣，似有合作意向，李厂长便与之同住一个宾馆，吃饭、出行几乎都在一起。这一天，李厂长与一客户谈成了一笔生意，取出大笔现金放在包里。午饭后李厂长与港商在自己屋里聊天，过了一会儿李厂长起身去卫生间，回来时出了一身冷汗：港商和那个装满钱的皮包都不见了！李厂长赶紧报警，几天后案子破了，罪犯被抓获后才知道，原来他并不是什么港商，而是一个职业骗子。这让李厂长对自己轻易相信他人、交出自己底细的做法后悔不已。

我们与人相处要知道什么该说什么不该说，这是一种自我保护。在职场中，任何时候我们都要对职业秘密有所保留，不要和盘托出全部内情，并非所有真相皆可讲，轻易亮出自己底牌的人往往会输得一败涂地。

愿你的生活既有善良，又有锋芒

第二章

你可以替别人着想，但
要为自己而活

永远不要失去自我

人生在世总是会遇到这样那样的困境，很多人面对困境时总希望借助别人的力量改变现状，殊不知，在这个世界上，你最应该依靠的人不是别人，而是你自己。为何总想着依赖别人，而不是依赖自己呢？

从事个性分析的美国专家罗伯特·菲利浦有一次在办公室接待了一个因企业倒闭而负债累累、四处为家的流浪者。那人进门后打招呼说："我来这儿，是想见见这本书的作者。"说着，他从口袋中拿出一本名为《自信心》的书，那是罗伯特多年前写的。

流浪者说："一定是命运之神在昨天下午把这本书放入我的口袋中的，因为我当时决定跳入密歇根湖了此残生。我已经看破一切，认为所有的人，包括上帝在内，已经抛弃了我。但还好，我看到了这本书，它使我产生了新的看法，为我带来了勇气及希望，并支撑我度过昨天晚上。我认为，只要我能见到这本书的作者，他一定能协助我再度站起来。现在，我来了，我想知道你能替我这样的人做些什么。"

愿你的生活既有善良，又有锋芒

在这位流浪者说话的时候，罗伯特从头到脚打量着他，发现他眼神茫然、神态紧张。这一切显示，他已经无可救药了，但罗伯特不忍心对他这样说。因此，罗伯特请他坐下，要他把自己的故事完完整整地说出来。

听完流浪者的故事，罗伯特想了想，说："虽然我没有办法帮助你，但如果你愿意的话，我可以介绍你去见这幢大楼里的一个人，他可以帮助你赚回你所损失的钱，并且协助

你东山再起。"罗伯特刚说完，流浪者就立刻跳了起来，抓住他的手，说道："看在上天的分儿上，请带我去见这个人。"

流浪者能提此要求，显示他心中仍然存在着一丝希望。所以，罗伯特拉着他的手，引导他来到从事个性分析的心理实验室，和他一起站在一块帘子之前。罗伯特把帘子拉开，露出一面高大的镜子，罗伯特指着镜子里的流浪者说："就是这个人。在这个世界上，只有一个人能够助你东山再起，不过你要坐下来，充分地认识这个人——当作你从前并不认识他——否则，你只能跳到密歇根湖里。因为在你对这个人未做充分的认识之前，对于你自己或这个世界来说，你都是一个没有任何价值的废物。"

流浪者朝着镜子走了几步，用手摸摸他的脸，对着镜子里的人从头到脚打量了几分钟，然后后退几步，低着头哭泣起来。过了一会儿，罗伯特领他走出电梯间，送他离去。

几天后，罗伯特在街上碰到了这个人。他西装革履，步伐轻快有力，头抬得高高的，原来的衰老、不安、紧张已经消失不见。他说，感谢罗伯特先生让他找回了自己，并很快找到了工作。后来，那个人真的东山再起，成为芝加哥的富翁。

人要勇敢地做自己的上帝，因为真正能够主宰自己命运的人就是你自己，当你相信自己的力量之后，你的脚步就会变得轻快，你就会离成功越来越近。

人若失去自我，是一种不幸；人若失去自主，则是人生最大的缺憾。每个人都应该有自己的一片天地。你应该果断地、毫无顾忌地向世人展示你的能力、你的风采、你的气度、你的才智。在生活的道路上，必须自己做选择，不要总是踩着别人的脚印走，不要任由他人摆布，而是要勇敢地驾驭自己的命运，调控自己的情感，做自己的主人，做命运的主人。

善于驾驭自我命运的人，是最幸福的人。只有放弃了依赖，抛弃了拐杖，才能走向成功。自立自强是打开成功之门的钥匙，也是纵横职场的法宝。在职场中，上司不喜欢唯唯诺诺的下属，领导不喜欢没有自我、没有主见的员工。请相信自己吧，你就是最棒的！

先爱自己，再爱别人

爱，首先从自己开始，只有学会爱自己，才能学会爱他人、爱世界。爱自己不是一种自私的行为，我们这里所说的爱自己是一种善待自己，对自己无条件接受的行为。

如果你能够认识到自己是一个有自尊心的综合体，如果你能够注意养生，保持自己的身心健康，那你就已经开始学会爱自己了。

　　我们应该懂得，我们有足够的理由爱自己：一是只有自己才是真正属于自己的；二是只有热爱自己，才能热爱他人，热爱世界。

　　我们没有蓝天的深邃，但可以有白云的飘逸；我们没有大海的辽阔，但可以有小溪的清澈；我们没有太阳的耀眼，但可以有星星的闪烁；我们没有苍鹰的高翔，但可以有小鸟的低飞。每个人都有自己的位置，每个人都应找到自己的位置。我们应该相信：正因为有了千千万万个"我"，世界才变得丰富多彩，生活才变得美好无比。

　　认认真真爱自己一回吧——这一回是一百年。

　　著名心理学家雅力逊指出，人要先爱自己才能懂得如何爱别人。因为只有视自己为有价值、有清晰的自我形象的人，才能有安全感，才能有胆量去爱别人。

　　爱自己或称自爱，是与自私、以自我为中心不同的一种状态。自私、以自我为中心是一切以私利为重，不但不替别人着想，更可能无视他人利益，为求达到目的不择手段。爱自己，就要学会欣赏自己的长处，同时也要接受自己的短处，从而努力完善自己。

　　在这种心态之下，我们会学会不少自处之道，更可活学活用于人际关系之中。在接受自己之后，便开始拥有容人的雅量；在懂得欣赏自己之后，便会明白如何欣赏别人；在掌握保护自己的方法之后，亦会悟出"防人之心不可无，害人之心不可有"的道理，也许这就是推己及人的结果。

一个不爱自己的人，是不会爱别人以及接纳别人的。总之，一切均得由爱自己开始。心理学家伯纳德博士说："不爱自己的人崇拜别人，但因为崇拜，会使别人看起来更加伟大而自己则更加渺小。他们羡慕别人，这种羡慕出自内心的不安全感——一种需要被填满的感觉。可是，这种人不会爱别人，因为爱别人就要肯定别人的存在与成长，他们自己都没有的东西，当然也不可能给予别人。"

每个人都有缺点，要想与人建立良好的关系，就必须首先接受并不完美的自己。谁都不可能十全十美，所以我们必须正视自己、接受自己、肯定自己、欣赏自己。

如果一个人不爱自己，当别人对他表示友善时，他会认为对方必定是有求于自己，或是对方一定也不怎么样，才会想要和自己为伍。这种人会不断地批评自己，久而久之就会使别人感觉他有问题而尽量避开他。这种人越是害怕别人了解自己就会越不喜欢自己，渐渐地破坏别人的好感。总之，不爱自己会导致各种问题的出现。当一个人觉得自己很差劲时，周围的人也会跟着遭殃。

因此，在开始爱别人之前，必须先爱自己。世界就像一面镜子，我们与别人之间的问题通常反映了我们与自己之间的问题。因此，我们不需要去努力改变别人，只需要适当转变一下自己的思想，人际关系就会有所改善。

别太在意别人的眼光，那会抹杀你的光彩

在这个世界上，没有一个人可以让所有人都满意。跟着他人的眼光来去的人，会让自己的光彩逐渐黯淡。

西莉亚自幼学习艺术体操，不幸的是，一次意外事故导致她下肢严重受伤，一条腿留下后遗症，走路有一点跛。为此，她十分沮丧，甚至不敢走上街去。为了逃避，西莉亚搬到了约克郡乡下。

一天，小镇上的雷诺兹老师领着一个女孩来跟西莉亚学跳苏格兰舞。在她们诚恳的请求下，西莉亚勉为其难地答应了。为了不让他们察觉自己残疾的腿，西莉亚特意提早坐在一把藤椅上。可那个女孩偏偏天生笨拙，连起码的节奏感都没有。当那个女孩再一次跳错时，西莉亚不由自主地站起来给对方示范。西莉亚一转身，便敏感地察觉到那个女孩正盯着自己的腿，一副惊讶的神情。她忽然意识到，自己一直刻意掩盖的残疾已经在一瞬间暴露无遗。这时，一种自卑感让她无端地恼怒起来，她对那个女孩说了一些难听的话。西莉亚的行为伤害了女孩的自尊心，女孩难过地跑开了。

愿你的生活既有善良，又有锋芒

事后，西莉亚深感歉疚。过了两天，西莉亚亲自来到学校，和雷诺兹老师一起等候那个女孩。西莉亚对那个女孩说："如果把你训练成一名专业舞者恐怕不容易，但我保证，你一定会成为一个不错的领舞者。"这一次，她们就在学校操场上跳，有不少学生好奇地过来围观。那个女孩笨手笨脚的舞姿不时招来同学的嘲笑，她满脸通红，不断犯错，每跳一步都如芒在背。

　　西莉亚看在眼里，深深理解那种无奈带来的自卑感。她走过去，轻声对那个女孩说："假如一个舞者只盯着自己的脚，就无法享受跳舞的快乐，而且别人也会跟着注意你的脚，发现你的错误。现在你抬起头，面带微笑地跳完这支舞曲，别管步子错没错。"

　　说完，西莉亚和那个女孩面对面站好，朝雷诺兹老师示意了一下。悠

扬的手风琴音乐响起，她们踏着拍子，欢快起舞。其实那个女孩的步子还有些不对，而且动作也不是很和谐。但意外的效果出现了——那些旁观的学生被她们脸上的微笑所感染，而不再关注舞蹈细节上的错误。后来，有越来越多的学生情不自禁地加入到舞蹈中。大家尽情地跳啊跳啊，直到太阳下山。

生活在别人的眼光里，就会找不到自己的路。其实，每个人的眼光都不尽相同。面对不同的几何图形，有人看出了圆的光滑无棱，有人看出了三角形的稳定性，有人看出了半圆的方圆兼济，有人看出了不对称图形特有的美……同是一个甜麦圈，悲观者看见一个空洞，乐观者却品尝到它的味道。同是交战赤壁，苏轼高歌"雄姿英发，羽扇纶巾，谈笑间樯橹灰飞烟灭"；杜牧却低吟"东风不与周郎便，铜雀春深锁二乔"。同是"谁解其中味"的《红楼梦》，有人听到了封建制度的丧钟，有人看见了宝黛的深情，有人悟到了曹雪芹的用心良苦……

所以，不必介意别人的流言蜚语，不必担心自我思维的偏差，相信自己的眼睛，坚持自己的判断，执着于自我的感悟，用敏锐的视角去审视这个世界，用心去揣摩自己的多彩人生吧。

你不可能让每个人都满意

人的眼光各有不同，做人不必去花大量的心思去让每个人都满意，因为这个要求基本上是不可能达到的。如果一味地追求别人的满意，不仅自己心累，还会在生活和工作中失去自我！

生活中我们常常会因为别人的不满意而烦恼不已，我们费尽了心思去让更多的人对自己满意，我们小心翼翼地生活，唯恐别人对自己不满意，但即便是这样还会有人对自己不满意，所以我们为此伤神不已。很多时候，我们忙活工作或者生活其实花不了太多的时间，而是我们将大量的时间都花在了处理如何让别人满意的这些事情上，所以身体累，心也累。

有这样一个故事：

一个农夫和他的儿子赶着一头驴到邻村的市场卖。没走多远就看见一群姑娘在路边谈笑。一个姑娘大声说："嘿，快瞧，你们见过这种傻瓜吗？有驴子不骑，宁愿自己走路。"农夫听到这话，立刻让儿子骑上驴，自己高兴地在后面跟着走。

不久，他们听见一群老人气愤地说："喏，你们看见了吗？如今的老人真是可怜。看那个懒惰的孩子自己骑着驴，却让年老的父亲在地上走。"农夫听见这话，连忙叫儿子下来，自己骑上去。

没过多久又遇上一群妇女和孩子，几个妇女七嘴八舌地喊着："嘿，你这个狠心的老家伙！怎么能自己骑着驴，让可怜的孩子跟着走呢？"农夫立刻叫儿子上来，和他一同骑在驴的背上。

快到市场时，一个城里人大叫道："哟，瞧这驴多惨啊，竟然驮着两个人，它是你们家的驴吗？"另一个人插嘴说："哦，谁能想到你们这么骑驴？依我看，不如你们两个驮着它走吧。"农夫和儿子急忙跳下来，他们用绳子捆上驴的腿，找了一根棍子把驴抬了起来。

他们卖力地想把驴抬过一座小桥时，又引起了桥头上一群人的哄笑。驴子受了惊吓，挣脱了捆绑的绳子撒腿就跑，不想却失足落入河中。农夫空手而归了。

农夫的行为十分可笑，不过，这种任由别人支配自己行为的事并非只在笑话里出现。现实生活中，很多人在处理问题时就像笑话里的农夫，人家叫他怎么做，他就怎么做，谁抗议，他就听谁的，结果只会让大家都有意见，且都不满意。

谁都希望自己在这个社会上做事面面俱到，但谁也不可能让每一个人都满意，不可能让每一个人都对自己展露笑容。通常的情况是，你以为自己照顾到了每一个人的感受，可还是有人对你不满，甚至根本不领情。每个人的习惯是不同的，每个人的立场，每个人的主观感受也是不同的，所以我们想面面俱到，不得罪任何人，服务好每一个人，那是绝对不可能的！

愿你的生活既有善良，又有锋芒

做人无须在意太多，不必去让每个人都满意，凡事只要尽心就好，简简单单地过好自己的生活就行，否则就会像故事中的农夫一样，费尽周折，结果却落得谁都不满意。

不去和别人比较，只需做好自己

古语说："以铜为镜，可以正衣冠；以人为镜，可以明得失。"意思是说，每个人都是一面镜子，我们可以从别人身上发现自己，认识自己。然而，如果一个人总是拿别人当镜子，那么那个真实的自我就会逐渐迷失，难以发现自己的独特之处。

有这样一则寓言：有两只猫在屋顶上玩耍。一不小心，一只猫抱着另一只猫掉到了烟囱里。当两只猫同时从烟囱里爬出来的时候，一只猫的脸上沾满了黑灰，而另一只猫脸上却是干干净净的。干净的猫看到满脸黑灰的猫，以为自己的脸也又脏又丑，便快步跑到河边，使劲地洗脸；而满脸黑灰的猫看见干净的猫，以为自己也是干干净净的，就大摇大摆地走到街上，出尽洋相。故事中的那两只猫实在可笑。他们的可笑在于没有认真地观察自己是否弄脏，而是急着看对方，把对方当成了自己的镜子。同样道理，不论是自满的人还是自卑的人，他们的问题都在于没有了解自己，没有形成对自身的清晰而准确的认识。

每个人都有自己的生活方式与态度，都有自己的评价标准，你可以参照别人的方式、方法、态度来决定自己的做法，但千万不能总拿别人当镜子。总拿别人做镜子，傻子会以为自己是天才，天才也许会把自己照成傻瓜。

　　乌比·戈德堡成长于环境复杂的纽约市切尔西劳工区。当时正是"嬉皮士"时代，她经常模仿着"嬉皮士"身穿大喇叭裤，头顶阿福柔犬蓬蓬头，脸上涂满五颜六色的彩妆。为此，她常引来住家附近人们的批评和议论。

　　一天晚上，乌比·戈德堡跟邻居友人约好一起去看电影。时间到了，她依然身穿扯烂的吊带裤，搭配一件衬衫，顶着阿福柔犬蓬蓬头出现在朋友面前时。朋友看了她一眼，然后说："你应该换一套衣服。"

　　"为什么？"她很困惑。

　　"你扮成这个样子，我才不要跟你出门。"

　　她怔住了，说："要换你换。"

　　于是朋友转身就走了。

　　当她跟朋友说话时，她的母亲正好站在一旁。朋友走后，母亲走向她，对她说："你可以去换一套衣服，然后变得跟其他人一样。但如果你不想这么做，而且坚强到可以承受外界的嘲笑，那就坚持你的做法。不过，你必须知道，你会因此引来批评，你的情况会很糟糕，因为与众不同本来就不容易。"

　　乌比·戈德堡受到极大震撼。她忽然明白，当自己探索一种

　　　　　　　愿你的生活既有善良，又有锋芒

另类的存在方式时，没有人会给予鼓励和支持，哪怕只是一种理解。当她的朋友说"你应该换一套衣服"时，她的确陷入了两难抉择：倘若今天为了朋友换衣服，日后还得为多少人换多少次衣服？她明白母亲已经看出她的决心，看出了女儿在向这种强大的同化压力说"不"，看出了女儿不愿为别人改变自己。

人们总喜欢评判别人的外形，却不重视其内在修养。要想成为一个独立的个体，就要坚强到能承受这些批评。乌比·戈德堡的母亲的确是位伟大的母亲，她告诉她的孩子一个道理——拒绝改变并没有错，但是拒绝与大众一致是一条漫长的路。

乌比·戈德堡这一生始终都未摆脱与众不同的话题。她主演的《修女也疯狂》是一部经典影片，而其扮演的修女就是一个很另类的形象。当她成名后，也总听到人们说："她在这种场合为什么不穿高跟鞋，反而要穿红黄相间的快跑鞋？她为什么不穿洋装？她为什么跟我们不一样？"可是最终，人们还是接受了她的影响，学着她的样子绑细辫子，因为她是那么与众不同，那么魅力四射。

走自己的路，让别人说去吧

哲人们常把人生比作路，是路，就注定会崎岖不平。1929年，美国芝加哥发生了一件震动全美教育界的大事。

几年前，一个年轻人半工半读地从耶鲁大学毕业。他曾做过作家、伐木工人、家庭教师和售货员。现在，只经过了八年，他就被任命为全美国第四大名校——芝加哥大学的校长，他就是罗勃·郝金斯。他只有30岁，真叫人难以置信。

　　人们对他的批评就像山崩后的落石一样一齐打在这位"神童"的头上，说他这样，说他那样——太年轻了，经验不够；教育观念很不成熟。甚至全美的各大报纸也加入了攻击者的行列。

　　在罗勃·郝金斯就任的那一天，有一个朋友对他的父亲说："今天早上，我看见报上的社论攻击你的儿子，真把我吓坏了。"

　　"不错，"郝金斯的父亲回答说，"话说得很凶。可是请记住，从来没有人会踢一只死狗。"确实如此，越勇猛的狗，人们踢起来就越有成就感。

　　曾有一个美国人，被人骂作"伪君子""骗子""比谋杀犯好不了多少"……你猜是谁？一幅刊在报纸上的漫画把他画成伏在断头台上，一把大刀正要砍下他的脑袋，街上的人们都在指责他。他是谁？他是乔治·华盛顿。

　　耶鲁大学的前校长德怀特曾说："如果此人当选美国总统，我们的国家将会合法卖淫，国人会变得行为可鄙、是非不分，不再敬天爱人。"听起来这似乎是在骂希特勒吧？可是他谩骂的对象竟是杰弗逊总统，就是撰写《独立宣言》、被赞美为民主先驱

的杰弗逊总统。

可见，没有谁的路永远是一马平川的。为他人所左右而失去自己方向的人，将无法抵达属于自己的幸福彼岸。人生是否成功，不在于成就的大小，而在于能否实现自我，喊出属于自己的声音，走出属于自己的道路。

一名中文系的学生苦心撰写了一篇小说，请作家点评。因为作家正患眼疾，学生便将作品读给作家。读完最后一个字，学生停顿下来。作家问道："结束了吗？"听语气，他似乎意犹未尽，渴望听下文。这一追问煽起了学生的激情，他立刻灵感喷发，马上回答道："没有啊，下一部分更精彩。"他以自己都难以置信的构思叙述下去。

到达一个段落，作家又似乎难以割舍地问："结束了吗？"

小说一定摄魂勾魄，叫人欲罢不能！学生更兴奋，更激昂，更富于创作激情。他一而再再而三地接续、接续……最后，电话铃声骤然响起，打断了学生的思绪。

有人打电话找作家，急事。作家匆匆准备出门。"那么，

没读完的小说呢？""其实你的小说早该收笔，在我第一次询问你是否结束的时候，就应该结束。何必画蛇添足、狗尾续貂呢？该止则止，看来，你还没把握情节脉络，尤其是缺乏决断能力。决断能力是当作家的根本，拖泥带水的作品如何打动读者？"

学生追悔莫及，自己太容易受外界左右，难以把握作品，恐不是当作家的料。

很久以后，这个年轻人遇到另一位作家，羞愧地谈及往事，谁知作家惊呼："你的反应如此敏捷、思维如此活跃、编造故事的能力如此强，这些正是成为作家的天赋呀！"这真是"横看成岭侧成峰，远近高低各不同"啊！

凡事绝难有统一定论，谁的"意见"都可以参考，但永不可代替自己的"主见"，不要让他人的论断束缚了自己前进的步伐。

遇事没有主见的人，就像墙头草，东风东倒，西风西倒，没有自己的原则和立场，不知道自己能干什么，会干什么，自然与成功无缘。

走自己的路，让别人去说吧。

愿你的生活既有善良，又有锋芒

机会不是等来的，要靠自己争取

俗话说："酒香不怕巷子深。"这话只适合过去，如今是酒香也怕巷子深。一个人无论才能如何出众，如果不善于把握，那他就得不到伯乐的青睐。所以人的才能需要展现出来，而且展现才能时必须主动、大胆。如果你自己不去主动地表现，或者不敢大胆地表现，你的才能就永远不会被别人知道。在电影《飘》中扮演女主角郝斯佳的费雯·丽，在出演该片前只是一位名不见经传的小演员。她之所以能够一举成名，就是因为她大胆地抓住了自我表现的良好机遇。

当时《飘》已经开拍了，可女主角的人选还没有最后确定。毕业于英国皇家戏剧学院的费雯·丽便决定争取出演郝斯佳这一角色。

可是，此时的费雯·丽还默默无闻，没有什么名气。怎样才能让导演知道自己就是郝斯佳的最佳人选呢？经过一番深思熟虑后，费雯·丽决定毛遂自荐。一天晚上，刚拍完《飘》的外景，制片人大卫又愁眉不展了。突然，他看见一男一女走上楼梯，男的他认识，那女的是谁呢？只见她一手扶着男主角的扮演者，一手按住帽子，扮成了郝斯佳的形象，风姿绰约。

大卫正在纳闷儿时，突然听见男主角大喊一声："喂！请看郝斯佳！"大卫一下子惊住了："天呀！真是踏破铁鞋无觅处，得来全不费工夫。这不就是活脱脱的郝斯佳吗?！"

费雯·丽被选中了。

毋庸置疑，你的表现得到认可之时，就是机遇来临之日。请你务必记住一点：知道和了解你才能的人越多，你的机遇也就会越多。

当然，很多人或许不会像费雯·丽那样仅靠一次表现就获得成功。所以，我们必须要有耐心和恒心，多表现自己几次。在一个人面前表现不行，就在更多的人面前表现；在一个地方表现无效，就在其他地方进行表现。当你表现多了，被发现、被赏识的可能性就会大大增加。

汉代名士东方朔，诙谐多智。他刚入长安时，向汉武帝上疏竟用了3000片木牍，公车令派两个人去抬，才勉强抬起来。汉武帝用了两个月才把它们读完。这在当时也堪称是"吉尼斯世界之最"了。在奏章中，东方朔自许甚高，称："臣年二十二，长九尺三寸，目若悬珠，齿如编贝，勇若孟贲，捷若庆忌，廉若鲍叔，信若尾生。若此，可以为天子大臣矣。"皇帝果然被他打动，但转念一想，又觉得他言过其实，始终未予重用。

东方朔并不死心，另辟蹊径。当时，皇帝的侍臣中有不少是侏儒。东方朔就吓唬他们，说皇帝嫌他们没用，要全部杀死他们。侏儒们吓坏了，诉于皇帝，皇帝便诏问东方朔为何要吓唬他们。东方朔说："那些侏儒长得不过三尺，俸禄是一口袋米，二百四十个铜钱。我东方朔身长九尺有余，俸禄也是一口袋米，二百四十个铜钱。侏儒饱得要死，我却饿得要死。陛下要是觉得我有用，请在待遇上有所差别；如果不想用我，就罢免我，那我也用不着在长安城要饭吃了。"皇帝听了大笑，因此让他待诏金马门（即古代官署的大门）。

有时候，沉默谦逊确实是一种"此时无声胜有声"的制胜利器，但无论如何你也不要时时把它当作金科玉律来信奉。在种种竞争中，你要将沉默、踏实、肯干、谦逊的美德和善于"秀"自己的能力结合起来，才能让更多的人赏识你。

活在自己心里，而不是别人眼里

300多年前，建筑设计师克里斯托·莱伊恩受命设计了英国温泽市政府大厅，他运用工程力学的知识，依据自己多年的实践，巧妙地设计了只用一根柱子支撑的大厅。

一年后，市政府的权威人士在进行工程验收时，对此提出质疑，认为这太危险，并要求他多加几根柱子。

莱伊恩非常苦恼，坚持自己的主张吧，他们会另找人修改设计，不坚持吧，又有违自己为人的准则。莱伊恩最后终于想出一条妙计，他在大厅里增加了四根柱子，但它们并未与天花板连接，只不过是装装样子，来应对付那些自以为是的人。

300多年过去了，这个秘密始终没有被发现。直到有一年温泽市政府找人修缮天花板时，人们才发现莱伊恩当年的"弄虚作假"。

故事告诉我们：如果坚持自己的主张能做到最好，就不要在意他人的议论、责备。每个人都有独一无二之处，你必须看到自身的价值。

在一次演讲中，一位著名的演说家没讲一句开场白，手里却高举着一张20元的钞票。面对台下的200多人，他问："谁要这20元？"一只只手举了起来。他接着说："我打算把这20元送给你们中的一位，但在这之前，请准许我做一件事。"他说着将钞票揉成一团，又问："谁还要？"仍有人举起手来。

他又说："那么，假如我这样做又会怎么样呢？"他把钞票扔到地上，踏上一只脚，并且用脚踩它。然后他拾起钞票，钞票已变得又脏又皱。"现在谁还要？"还是有人举起手来。

"朋友们，你们已经上了一堂很有意义的课。无论我如何对待那张钞票，你们还是想要它，因为它并没有贬值，它依旧是20元。"

其实，我们每个人都是如此，无论命运如何捉弄，我们都有自己的价值。

美国诗人惠特曼在诗中说：

　　我，我要比我想象的更大、更美

　　在我的，在我的体内

　　我竟不知道包含这么多美丽

　　这么多动人之处

　　……

　　人是万物的灵长，是宇宙的精华，我们每个人都具有使自己的生命产生价值的本能。

　　美国哲学家爱默生说："人的一生正如他一天中所设想的那样，你怎样想象，怎样期待，就有怎样的人生。"

他人只是看客，不要把命运寄托于人

　　"要做自己生命的主人""要掌握自己的命运"，其中的道理每个人都知道，但实际上，很多人却并没有真的做到。想一想，你有没有经历过下面的场景：你刚刚毕业，还没有找到工作，突然一个熟人很热情地给你介绍了一份工作，虽然这份工作并不符合你的专业方向，薪酬也并不合适，但因为不好意思推辞，就接受了。结果这个工作果然非常糟糕，最终你忍无可忍辞了职。虽然这个工作浪费了你大量的精力和时间，但你却没人可埋怨，他人并不对你的人生负有责任。谁让你当初不好意思拒绝呢？

每个人的手掌上都有三条手线：一条是生命线，一条是事业线，还有一条叫爱情线。有相信手相的人，总是喜欢反复观察这几条线，希望能看出自己未来生命的路径。但是，当你把手展开，再握起拳头的时候，你的生命线、事业线、爱情线，以至于你的命运，其实都只掌握在你自己的手中。

"习惯决定性格，性格决定命运"，这句话有一定的道理。我们可以走的路很多，但其实只有一条最适合你，除了现在的选择，你没法做别的选择。即使你做了一个很后悔的错事，但如果让你的生命再重过一遍，我相信你还是会走到现在的位置上来。就像上学的时候做的考试题，我们总是在一个地方犯错误，因为我们没有变，除非有一个很深的记忆让我们改变了自己的思维，否则我们永远会顺着原路一直走到死，这就是性格决定命运的原因。

一个印第安长老曾经说过一段话："你靠什么谋生，我不感兴趣。我想知道你渴望什么，你是不是能跟痛苦共处，而不想去隐藏它、消除它、整修它，你是不是能从生命的所在找到你的源头；我想要知道你是不是能跟失败共存；我想要知道，当所有的一切都消逝时，是什么在你的内心支撑着你；我想要知道你是不是能跟你自己单独相处，你是不是真的喜欢做自己的伴侣，在空虚的时刻里。"自己就是自己最大的财富，不要怪别人没有给你机会，每个人的机会都是自己给的。

在第二次世界大战中，一位美国士兵肯尼斯不幸被俘，随后被送到一个集中营里。集中营恐怖的气氛无时无刻不在缠绕着他，在他精神几近崩溃的时候，他看到室友的枕头下有一本书，他翻读了几页，爱不释手。他以请求的语气问那个室友："可以借给我看吗？"答案当然是否定的，那本书的主人不大愿意借给他。

他继续请求："你借给我抄好吗？"这次，那位室友爽快地答应了他的要求。

肯尼斯一借过那本书，一刻也没有耽误，马上拿来稿纸抄写。他知道，在这个混乱的环境中，书随时有可能会被它的主人索回，他必须抓紧时间。在他夜以继日、不休不眠的努力下，书终于抄完了。就在他将书还回去的一个小时后，那个借给他书的室友被带到了另一个集中营。从此，他们再也没有见过面。

在这个集中营里，肯尼斯待了整整三年，而那本手抄的书也整整陪了他三年。每当他被恐惧与无望逼得发疯的时候，他都紧紧攥着那本书，用书中的道理鼓舞着自己，直到恢复自由。

有人总喜欢将自己的命运依附在其他人的身上，想靠别人的力量将自己拉出苦海。结果却往往事与愿违。因为不管是谁，都无法了解你的全部感觉，即使他们为你提供了机会，也未必是你想要的。

我们中有的人每天唱着《明日歌》浑浑噩噩，做任何事情都拖拖拉拉，末了找借口为自己推卸责任。这样的人最危险，因为拖拖拉拉就意味着事情的延误。对生命来说，延误是最具破坏性、最危险的恶习，延误不仅导致财力、物力和人力的损失，也浪费了宝贵的时间，丧失了完成工作的最好时机。而对个人来说，因为延误，你耽误了时机，结果失败了，打击了你的自信心，你也许会从此丧失主动做事的进取心。如果你形成了习惯，难以改变这种习惯，那你终将一事无成。

有些人非常善于为自己的失败找到各种各样的理由，来解释自己为什么没有达到预期的目标。如果自己没完成，他们就会说："这个事情没那么简单，谁来做都不可能在这么短的时间内完成。"即便完成了，他们也会说："那只是因为自己运气好罢了。"他们习惯了为自己找借口、下台阶。

如果你发觉自己经常因为做事延误而找借口，那么，你应该主动改掉身上这种坏毛病，好好检讨一下自己，别再拿那些借口为自己开脱，在没找到其他的办法之前，最好的办法就是立即行动起来，赶紧做你该做的事情。

时间是水，你就是水上的船，你怎样对待时间，时间就怎样对待你。将今天该做的事拖延到明天，即使到了明天也无法做好。做任何事情，都应该当天的事情当天做完，如果不养成这种工作态度，你也与成功无缘。所以，正确的做事心态应该是：把握今天，展望明天，从我做起，从现在做起。谁也没有拯救你的权利和义务，不要将命运交托在其他人的手中。

一个勤奋的艺术家为了不让自己的每一个想法溜掉，当他的灵感来时，会立即把灵感记下来——哪怕是半夜三更，也会从床上爬起来，在自己的笔记本上把灵感记下来。优秀的艺术家老早就形成了这个习惯，他们知道灵感来之不易，如果来了又白白溜走了，也许会遗憾终生。从我做起，从现在做起，就是叫你立即行动起来，不再延误，这是所有成功者的法宝。

也许你每天有很多计划，想做这件事，又想做那件事，比如你想和家人共度一个周末，又想构思下个季度的工作计划；或者你想好好地放松一下，想参加朋友的聚会，沟通人际关系。结果，因为选择困难，你什么也没有去做。

每一件事你只是在想，没有让自己去落实，结果，一拖再拖，所有想做的事情都延误了。为什么会这样？因为你没有养成从现在做起的习惯，你是一位伟大的空想家，不是行动家。真正做事的人就像比尔·盖茨说的那样：想做的事情，立刻去做！当"立刻去做"在潜意识中浮现时，就要立即付诸行动。

在古代，有一个人非常喜欢收藏古画，但他又非常地懒，每次买完画之后总是懒得挂在墙上，而是都堆在地上，很快就落了一层灰尘。来他家里看画的朋友都劝他把画挂起来，他也想这样做，但是一想到得清理它们，又得固定，他就懒得动了，就放弃了这个念头。

直到有一天，天空突然下起了大雨。为了不让放在地上的画被水溅湿，他很不情愿地把画从满是尘土的墙角处取出来，然后抹去灰尘，钉上钉子，挂起来。忙完之后，当他惬意地坐在椅子上欣赏这些画时惊奇地发现，从清理到把画挂上去，前后总共才用了20分钟。他原来以为需要花费半天时间的。

他想，早知道这样，我一拿到画就把它们挂起来了！

就像你给朋友回信，如果某封信需要回复，在你看完信之后应该马上动手写回信。如果延误，过了几天，可能需要回的信件不止一封，而且，当你决定写回信时，你得一封一封重读一次，然后再写回信，你看这样多费心，浪费多少时间，如果你读完立即回信，就会省了好多事，这就是立即行动与延误的最大差别。

庄子在《逍遥游》中说过，人要无所侍，才能达到真正自由的境界，如果要依靠外力，就永远达不到真正的逍遥。有的事，如果你不做，没有人可以替你做。你的命运，如果你不想改变，没有人可以替你改变。如果你不想在此时付出努力，一味地跟从别人的脚步，或者不好意思拒绝别人的期望，就必然会在以后的某一时刻，付出更大的代价。

找准位置，别让他人影响你的判断

从前，一个农夫养了一只小猴和一头小驴。

小猴乖巧伶俐，整天在主人的房顶蹦来跳去，非常讨主人喜欢。每当家里有客人来时，主人都会让小猴出来逗逗趣，并向他人夸赞小猴聪明、可爱。而此时的小驴却只能在磨坊里默默地拉磨。时间久了，小驴觉得心里很委屈，很不平衡。他也想像小猴一样得到主人的赞赏。

有一天小驴终于鼓足了勇气，踩着墙边的柴垛，颤颤巍巍地登上了房顶。谁知，还没等他蹦起来，主人的房瓦就被他踩坏了。主人闻声把小驴从房上拖下来就是一顿暴打。小驴的心里更委屈了，他不明白，为什么小猴这样蹦来蹦去主人就开心，还大加赞赏，换成自己却要挨打呢？

其实，生活中很多人都有过像小驴一样的困惑，为什么同样一件事，他人做就效果很好，自己做就会有完全不同的待遇。其实，这只是事情的表象，此时我们应该真正认识到的问题是：是什么让我们选择放弃原来的自己而去模仿他人，在他人的流言蜚语中迷失方向，失去自我，找不准自己的位置呢？

其实，还是你自己心里本来就对自己没有一个清晰的定位。所以才会在各种不同的意见中迷失，无法真正做自己罢了。

"你是谁或你将成为谁"，回答这个问题的通常不是你自己，反而是围绕在你身边的人们。人们总是喜欢对他人评头论足，指手画脚。那是因为人们的眼睛只能看到他人，却不容易看清自己。

在我们的成长过程中，就会受到这些人的影响。大家都认为我性格内向，我就真的表现得寡言少语。大家认为我应该当老师，我就真的在报考志愿时首选了师范专业。诸如此类，我们生活中的很多选择和判断会受到他人的影响。

正如网络上流行的一段话："你选择了父母喜欢的学校，选择了热门且好就业的专业，凭什么要过你自己想要的生活。"是呀，当你总是受他人观点的影响做自己的判断和选择时，你就没有理由再来抱怨为什么我不能做自己喜欢做的事。如果你想要追求自己的生活，就要学会让自己内心的声音发出来，盖过他人的言论，只听从自己的内心。

有这样一个故事：

一个乞丐靠在街边乞讨和贩卖铅笔为生。很多人从他身边走过，都会同情地投给他几枚硬币，然后离开。所以，他的铅笔其实无所谓卖或不卖，没有人真正关心，连他自己也不关心自己的铅笔到底卖了多少。

有一天，一个富商从路边经过，看到可怜的乞丐，同样顺手投给了乞丐几枚硬币，富商正要转身离去，忽然又停了下来，退回几步来到乞丐面前说："我付了钱，还没有拿走我的铅笔，

愿你的生活既有善良，又有锋芒

我们都是商人。"几年以后，这位富商参加一个上流社会的高级酒会，一位衣冠楚楚的先生走过来向他敬酒："先生，我要谢谢你。"

富商很诧异："可是，我好像不认识你。"

这位先生说："几年前，我在路边卖铅笔，您曾经买过我的铅笔。所有的人都觉得我是个乞丐，而只有你告诉我，我们都是商人。所以，我要感谢你，是你鼓励了我。"

一个在路边靠卖铅笔乞讨的人，有人定位他是乞丐，有人定位他是商人，其中的关键不是别人，而在于他自己。如果他认为自己是个气丐，也许他会甘于每日收取路人投过来的硬币，以此为生。但如果他给自己定位是一位商人，不管自己当时卖的是多么廉价的铅笔，最终，他会像个商人一样去经营自己的事业和人生，成就不一样的自己。

不是所有人都很清楚自己的定位，或者心里明明有着对自我的定位，却因为外界环境的影响而动摇，跟风模仿，企图通过复制他人的成功而更快地成就自己，结果往往是弄巧成拙，欲速则不达。

一味地东施效颦，往往会迷失了自我，而坚守自我，找到自己的位置，却可以打造一个属于自己的舞台。坚守自我是要认清自己的能量，发挥自己的潜能，不断提升自我。坚守自我不能墨守成规，要倾听自己的声音，抵抗他人的干扰，真正地做自己。

第三章

绵里无针，你的忍让会让你任人欺凌

忍让搬弄是非者毫无意义

开口说话要有分寸，不能信口雌黄，不能搬弄是非。

有一个国王，他十分残暴而又刚愎自用。但他的宰相却是一个十分聪明、善良的人。国王有个理发师，常在国王面前搬弄是非，为此，宰相严厉地责备了他。从那以后，理发师便对宰相怀恨在心。

一天，理发师对国王说："尊敬的大王，请您给我几天假和一些钱，我想去天堂看望我的父母。"

昏庸的国王觉得很是新奇，便同意了，并让理发师代自己向自己的父母问好。

理发师选好日子，举行了仪式，跳进了一条河里，然后又偷偷爬上了对岸。过了几天，他趁许多人在河里洗澡的时候，探出头，说自己刚从天堂回来。

国王立即召见理发师，并问自己父母的情况。理发师谎报说：

"尊敬的国王，先王夫妇在天堂生活得很好，可再过十天就要被赶下地狱了，因为他们丢失了自己生前的行善簿，除非让宰相亲自去详细汇报一下。为了让宰相尽快到达天堂，最好让他选择火路，这样先王夫妇就可以免去地狱之灾。"

愿你的生活既有善良，又有锋芒

国王听完后，立即召见了宰相，让他去一趟天堂。

宰相听了这些胡言乱语，便知道是理发师在捣鬼，可又不好拒绝国王的命令，心想："我一定要想办法活下来，然后惩罚这个奸诈的理发师。"

第二天凌晨，宰相按照国王的吩咐，跳入一个火坑中，然后国王命人添上柴火，浇上油，顿时火光冲天。全城百姓皆为失去了正直的宰相而叹息，那个理发师也以为仇人已死，不免扬扬得意起来。

其实，宰相安然无恙，原来他早就派人在火坑旁挖了通道，他顺着通道回到了家中。

一个月后，宰相穿着一身新衣，从那个火坑中走了出来，径直走向王宫。

国王听见宰相回来了，赶紧出来迎接。

宰相对国王说："大王，先王和先王后现在没有别的什么灾难，只有一件事使先王不安，就是他的胡须已经长得拖到脚背上了，先王叫你派个老理发师去。上次那个理发师没有跟先王告别，就私自逃回来了。对了，现在水路不通了，谁也不能走水路去天堂了。"

第二天，国王让理发师躺在市中心的广场上，周围架起干柴，然后国王命人点上了火。这个搬弄是非的家伙终于得到了应有的惩罚。

理发师肯定没有想到，杀死自己的不是利剑，而是自己的"舌头"。

当那些心术不正、好搬弄是非的人欲置你于死地时，你的忍让就没有任何意义了。这时，你不妨"以其人之道，还治其人之身"，让他也尝一尝你的"舌头"的厉害。

但是，不到万不得已，还是要以宽容之心包容他人之过。与此同时，你要端正自己的品行，不能搬弄是非，不能恶意地中伤他人，因为搬弄是非者往往都没有好下场！

有智慧的忍辱是有所忍，有所不忍

忍辱是佛教六度中的第三度。在《遗教经》中有这样的文字："能行忍者，乃可名为有力大人。若其不能欢喜忍受恶骂之毒，如饮甘露者，不名入道智慧人也。"如此看来，似乎唯有忍受一切有理或无理的谩骂，才称得上是真正的忍辱。在《优婆塞戒经》中，修行者需要"忍"的"辱"就更多了：从饥、渴、寒、热到苦、乐、骂詈、恶口、恶事，无一不需要忍。

难道修行者必须忍受世间一切痛苦，才能获得解脱吗？

圣严法师强调忍辱在佛教修行中非常重要。佛法倡导每个修行者不仅要为个人忍，还要为众生忍。但是，所谓"忍辱"应该是有智慧的。

第一，有智慧的"忍辱"须是发自内心的。

有位青年脾气很暴躁，经常和别人打架，大家都不喜欢他。

有一天，这位青年无意中游荡到了大德寺，碰巧听到一位禅师在说法。他听完后发誓痛改前非，于是对禅师说："师父，我以后再也不跟人家打架了，免得人见人烦，就算是别人朝我脸上吐口水，我也会忍耐着擦去，默默地承受！"

禅师听了青年的话，笑着说："哎，何必呢？就让口水自己干了吧，何必擦掉呢？"

青年听后，有些惊讶，于是问禅师："那怎么可能呢？为什么要这样忍受呢？"

禅师说："这没有什么不能忍受的，虽然被吐了口水，但并不是什么侮辱，你就把这当作蚊虫之类的停在脸上，微笑着接受吧！"

青年又问："如果对方不是吐口水，而是用拳头打过来，那可怎么办呢？"

禅师回答："这不一样吗！不要太在意！这只不过一拳而已。"

青年听了，认为禅师实在是强词夺理，终于忍耐不住，忽然举起拳头，向禅师的头上打去，问道："和尚，现在怎么办？"

禅师非常关切地说："我的头硬得像石头，并没有什么感觉，但是你的手大概打痛了吧？"青年愣在那里，实在无话可说，火气消了，心有大悟。

禅师亲自示范，告诉青年"忍辱"的方式。他之所以能够坦然应对青年的无理取闹，正是因为他心中无一辱，所以青年的怒火伤不到他半根毫毛。在禅宗中，这叫作无相忍辱。这位禅师的忍辱是自愿的，他想通过这种方式感化青年，最后也确实取得了效果。生活中还有些人，面对羞辱时虽然忍住了怒火或抱怨，但内心却因此懊恼、悔恨，这种情况就不能称为"有智慧的忍辱"了。

第二，圣严法师提倡的"有智慧的忍辱"应该是趋利避害的。

所谓的"利"，应该是对他人的利、对大众的利，"害"也是对他人的害、对大众的害。故事中禅师的做法就是圣严法师提倡的忍辱。禅师虽然挨了青年一拳，但青年因此受到了感化。对于禅师来说，虽然于自己无益，但对他人有益，所以这样的忍辱是有价值的。如果忍耐对双方都无损且有益的话，就更应该忍耐一下了。但也存在一种情况，忍耐可能对双方都有害而无益。一旦出现这种情况，不仅不能忍耐，还需要设法阻止。圣严法师举了这样的例子：一个人如果明知道对方是疯狗、魔头，见人就咬、逢人就杀，就不能默默忍受了，必须设法制止可能会出现的不幸。这既是对他人、对众生的慈悲，也是对对方的慈悲，因为"对方已经很不幸了，切莫让他制造更多的不幸"。

智者的"忍"更需要遵循圣严法师的教导，有所忍有所不忍，为他人忍，有原则地忍。

忍无可忍，不做沉默的羔羊

在社会上，有些人总是本本分分、规规矩矩，他们在工作中任劳任怨，在生活中洁身自好，各个方面都达到了社会规范的基本要求。然而，他们总是吃亏，就算是被人欺负了，遭受了不公正的待遇还是忍气吞声，就像一只"沉默的羔羊"，他们这种逆来顺受的性格只会遭来别人的一再侵害。俄国著名作家契诃夫的一篇文章就足以说明这一点。

一天，史密斯把孩子的家庭教师尤丽娅·瓦西里耶夫娜请到他的办公室来，想结算一下工钱。

史密斯对她说："请坐，尤丽娅·瓦西里耶夫娜！让我们算算工钱吧。你也许要用钱，但你太拘泥于礼节，自己不肯开口……喏……我们和你讲妥，每月30卢布……"

"40卢布……"

"不，30……我这里有记载，我一向按30卢布付教师的工资的……喏，你待了两个月……"

"两个月零五天……"

"整两月……我这里是这样记的。这就是说，应付你60卢布……扣除九个星期日……实际上星期日你是不带柯里雅学习的，只不过是玩耍……还有三个节日……"

尤丽娅·瓦西里耶夫娜骤然涨红了脸，牵动着衣襟，但一语不发。

"三个节日一并扣除，应扣12卢布……柯里雅有病四天没学习……你只带瓦里雅一人学习……你牙痛三天，我内人准你午饭后休息……12加7得19，扣除……还剩……嗯……41卢布。对吧？"

尤丽娅·瓦西里耶夫娜两眼发红，下巴在颤抖。她神经质地咳嗽起来，擤了擤鼻涕，但一语不发。

"新年底，你打碎一个带底碟的配套茶杯，扣除2卢布……按理茶杯的价钱应该更高，它是传家之宝……我们的财产到处丢失！而后，由于你的疏忽，柯里雅爬树撕破礼服……扣除10卢布……女仆盗走瓦里雅皮鞋一双，也是由于你玩忽职守，你应负一切责任，你是拿工资的嘛，所以，也就是说，再扣除5卢布……1月9日你从我这里支取了9卢布……"

"我没支过……"尤丽娅·瓦西里耶夫娜嗫嚅着。

"可我这里有记载！"

"喏……那就算这样，也行。"

愿你的生活既有善良，又有锋芒

"41减26净得15。"

尤丽娅两眼充满泪水，小鼻子渗着汗珠，多么令人怜悯的小姑娘啊！

她用颤抖的声音说道："有一次我只从您夫人那里支取了三卢布……再没支过……"

"是吗？这么说，我这里漏记了！从15卢布中再扣除……喏，这是你的钱，最可爱的姑娘，3卢布……3卢布……又3卢布……1卢布再加1卢布……请收下吧！"史密斯把12卢布递给了她。她接过去，喃喃地说："谢谢。"

史密斯一跃而起，开始在屋内踱来踱去。"为什么说'谢谢'？"史密斯问。

"为了给钱……"

"可是我洗劫了你，鬼晓得，这是抢劫！实际上我偷了你的钱！为什么还说'谢谢'？"

"在别处，根本一文不给。"

"不给？怪啦！我和你开玩笑，对你的教训真是太残酷……

我要把你应得的80卢布如数付给你！喏，事先已给你装好在信封里了！你为什么不抗议？为什么沉默不语？难道生在这个世界口笨嘴拙行得通吗？难道可以这样软弱吗？"

史密斯请她对自己刚才所开的玩笑给予宽恕，接着把使她大为惊疑的80卢布递给了她。她羞羞地过了一下数，就走出去了……

对于文中女主人公的遭遇，我们能用什么词汇来形容呢？懦弱？可怜？胆小？就像鲁迅先生说的："哀其不幸，怒其不争。"生活中，如果我们无端地被单位扣了工资，我们的反应又是怎样的呢？

人活着就要学会捍卫自己的利益，该是你的你无须客气，有时"斤斤计较"并不丢脸。

忍一时风平浪静，忍一世一事无成

酒、色、财、气，乃人生四关。我们可以滴酒不沾，可以坐怀不乱，可以不贪钱财，却很难不生气。所以气关最难过，要想过这一关就需要学会忍。

忍什么？一要忍气，二要忍辱。气指气愤，辱指屈辱。气愤来自于生活中的不公，屈辱产生于人格上的贬低。在中国人眼里，忍耐是一种美德，是一种成熟的表现，更是一种以屈求伸的处世智慧。

"吃亏人常在，能忍者自安。"忍耐是人类适应自然选择和社会竞争的一种方式。大凡世上的无谓争端多起于小事，一时不能忍，常铸成大错，不仅伤人，而且害己，此乃匹夫之勇。凡事能忍者，不是英雄，至少也是达士；而凡事不能忍者，纵然有点愚勇，终归难成大事。人有时太愚，小气不愿咽，大祸接踵来。

忍耐并非懦弱，而是于从容之间让小事化无。

无论是民族还是个人，生存的时间越长，忍耐的功夫越深。

生存在这世上，要成就一番事业，谁都难免经受一段忍辱负重的曲折历程。因此，忍辱几乎是有所作为的必然代价，能不能忍受则是伟人与凡人之间的区别。

"能忍者自安"，忍耐既可明哲保身，又能以屈求伸，因此凡是胸怀大志的人都应该学会忍耐，忍耐，再忍耐。

但忍耐绝不是无止境地让步，要有一个度，超过了这个度就要学会反击。

一条大蛇危害人间，伤了不少人畜，以致农夫不敢下田耕地，商贾无法外出做买卖，大人不放心让孩子上学，到最后，每个人都不敢外出了。

大家无奈之余便到寺庙的住持那儿求救，大伙儿听说这位住持是位高僧，讲道时连顽石都会被点化，无论多凶残的野兽都能驯服。

不久之后，住持就以自己的修为驯服并教化了这条蛇。

人们发现这条蛇完全变了，甚至还有些胆怯与懦弱，于是纷纷欺侮它。有人拿竹棍打它，有人拿石头砸它，连一些顽皮的小孩都敢去逗弄它。

某日，蛇遍体鳞伤、气喘吁吁地爬到住持那儿。

"你怎么啦？"住持见到蛇这个样子，不禁大吃一惊。

"我……"大蛇一时语塞。

"别急，有话慢慢说！"住持的眼里满是关爱。

"你不是一再教导我应该与世无争，和大家和睦相处，不要

愿你的生活既有善良，又有锋芒

做出伤害人畜的事吗？可是你看，人善被人欺，蛇善遭人戏，你的教导真的对吗？"

"唉！"住持叹了一口气后说道，"我只是要求你不要伤害人畜，并没有不让你吓唬他们啊！"

"我……"大蛇又一时语塞。

忍耐是一种智慧，但一味地忍让就成了懦弱。凡事都有一个度，把握好这个度，才是正确的处世之道。

但是，如何掌握忍让的这个度，乃是一种人生艺术和处世智慧，也是"忍"的关键。这里很难说有什么通用的尺度和准则，更多的是随着所忍之人、所忍之事、所忍之时空的不同而变化。这要求有一种根据具体环境、具体情况进行具体分析的能力。

总之，善忍需要懂得忍一时风平浪静，忍一世并不可取的道理，当忍则忍，不当忍则需要寻找解决之途！

不必委曲求全，不必睚眦必报

人生究竟应该以德报怨，以怨报怨，还是以直报怨呢？我们的人生经验告诉我们，有的人德行不够，无论你怎么感化，恐怕他都难以修成正果。人们常说江山易改，禀性难移，如果一个人已经坏到底了，那么我们又何必把宝贵的精力浪费在他的身上呢？现代社会的生活节奏很快，我们每个人都要学会在快节奏的社会中生存，利用自己宝贵的时间做出最有价值的判断、选择。你在那里耗费半天的时间，没准儿人家还不领情呢！既然如此，就不用再做徒劳无益的事情了。

电影《肖申克的救赎》中有一句非常经典的台词："强者自救，圣人救人。"不要把自己当做一个圣人来看待，指望自己能够拯救别人的灵魂，这样做的结果多半是徒劳无益的，何不将时间用在更有价值的事情上呢？

当然，我们主张明辨是非。但是要记住，如果对方错了，要告诉他错在何处，并要求对方就其过错进行补偿。如果不辨是非，就不能确定何为"直"。"以直报怨"的"直"不仅仅有直接的意思。我们要告诉对方，你哪里错了，侵犯了我什么地方。

有人奉行"以德报怨"，你对我坏，我还是对你好，你打了我的左脸，我就把右脸也凑过去，直到最终感化你；有人则相反，以怨报怨，你伤害我，我也伤害你，以毒攻毒，以恶制恶。其实，二者都有失偏颇，以德报怨，不能惩恶扬善；以怨报怨，则冤冤相报何时了？

以怨报怨，最终得到的是更多的怨气；以德报怨，除非对方真的到达一定境界，否则只会让你受到更多的伤害。其实，做人只需以直报怨，有原则地宽容待人，做到问心无愧即可。

宽容不是纵容，不要让有错误的人得寸进尺，把犯错误当成理所当然的权利，继续侵占原本属于别人的空间。面对伤害时，你不必为难，只需以直报怨就好了。不必委曲求全，也不要睚眦必报，有选择、有原则地宽容别人，于己于人都有利。

包容不是姑息迁就

"痛打落水狗"可以理解为把事情做彻底，不留隐患。面对坏人，我们要弄清其本质，不姑息，不迁就，但不能乘人之危、落井下石。

隋大业十三年（617年），盘踞在洛阳的王世充与李密对峙。此前，王世充在兴洛仓战役中几乎被李密打得全军覆没，几乎不敢再与他交锋了。

不过，王世充很快重整旗鼓，准备与李密再决胜负。现在还有一个问题令他发愁，那就是粮食。洛阳外围的粮仓都已被李密控制，城内的粮食供应一直都非常紧张。因为常常填不饱肚子，王世充的军队每天都有人偷偷跑到李密那边去。王世充很清楚，如果粮食问题不能得到及时的解决，他想留住士兵们的一切努力终归是徒劳，更甭提什么战胜李密了。

在既无实力夺粮，又不可能从别处借粮的情况下，王世充想到了一个好主意：用李密目前最紧缺的东西去换取他的粮食。

王世充派人过去打探，回报说李密的士兵大都为衣服单薄而头痛。这就好办了！王世充欣喜若狂，当即向李密提出以衣易粮的建议。李密起初不肯，无奈邴元真等人各求私利，老是在他耳边聒噪，说什么衣服太单薄会严重影响军心等，李密不得已，只好答应下来。

王世充换来了粮食，士气得到振奋，尤其士兵叛逃至李密部的现象日益减少。李密也很快察觉了这一问题，连忙下令停止交易，但为时已晚，李密无形中已替王世充养了一支精兵，也给自己增添了许多难以预想的麻烦。

后来，恢复战斗力的王世充大败李密。这时，李密才追悔莫及，当初没有"痛打落水狗"才让自己遭此命运。

明末农民军首领张献忠所向披靡，打得官军狼狈不堪。但他也因为没有"痛打落水狗"而受到了教训。

崇祯十一年（1638年），农民军遇上了劲敌，那就是作战英勇的左良玉。张献忠打着官军的旗号奔袭南阳，被明朝总兵左良玉识破，计谋失败，张献忠负伤退往湖北谷城。李自成、罗汝才、马守应、惠登相等几支农民军也相继溃败，分散于湖广、河南、江北一带，各自为战，互不配合。张献忠身陷谷城，处于官军包围之中，势单力薄，加上农民军的粮饷很难筹集，处境十分恶劣。

张献忠经过一番思考，决定利用明朝"招抚"的机会，将

愿你的生活既有善良，又有锋芒

计就计。崇祯十一年春，张献忠得知陈洪范此时正在熊文灿手下当总兵，大喜过望，原来陈洪范曾救过张献忠一命，而熊文灿一向主张以"抚"代"剿"。于是，他马上派人携重金去拜见陈洪范，说："献忠蒙您的大恩，才得以活命，您不会忘记吧？我愿率部下归降以报答救命之恩。"陈洪范甚是惊喜，上报熊文灿，接受了张献忠的归降。

此后，张献忠虽然名义上接受"招抚"，但实际上仍然保持独立。经过一段时间休养生息之后，张献忠又于次年5月在谷城重举义旗，打得明朝官军措手不及。

李密在形势有利的情况下败给了王世充，从此一蹶不振；熊文灿过于轻信张献忠，把到手的胜利给丢掉了。究其原因，他们都没有拿出"痛打落水狗"的精神来，心慈手软，给对手以喘息之机。这对后人来说，实在是深刻的历史教训，应以此为鉴。

自信满满，让自己底气十足

培根说过一句话："深窥自己的心，而后发觉一切的奇迹。只有自信，才能够变成完美的自己。"你要自信满满，确定自己的价值观，避免依附别人而存在，这无疑是医治自信不足的最有效方法。

对于生活给的机会和选择，我们很多时候采取了回避甚至拒绝的态度。大多数人在抱怨上天不公的同时，也在下意识地告诉自己要放弃。缺乏自信，即是对自己人生的妨碍。

诸如此类的例子在我们身边常常出现：

比如，班级里面需要一个班长，要同学们投票选择；或者公司里有一个项目需要一个领头人或者组织者，这个时候，虽然大部分人都想毛遂自荐，但都违心地推举他人。有时，我们把这种行为看作一种谦虚的美德。可是从另一方面看，我们在主动送出一个表现自我的机会。

愿你的生活既有善良，又有锋芒

心理学分析，出现这种现象的原因是人们都害怕自己失败：如果我自荐去当这个班长，同学们反对怎么办？就算同学们不反对，我干不好怎么办？如果我去当这个组织者，那我是不是要承担责任？如果我做不好，让同事们取笑怎么办？……总之，人们因为害怕失败而主动放弃机会。这才是真正的心理原因。这正说明，我们不够自信，我们不相信自己能做好，更不相信我们能够接受失败的结果，比如别人的反对和嘲笑。

黄冬冬是宁夏大学的物理系研究生，毕业后留校执教，学校内部职称评定的时候，可以获得不错的薪资和出国深造的机会，他都没把握住。

每次主任问他是否要写自荐信的时候，他都很不好意思地说："还是算了吧，我是系里最年轻的人，让给前辈们吧。"就是这一句话，让他最终错过了去德国深造的机会。

生活中，有很多黄冬冬这样的人，本身自己足够优秀，但最后总会以很多理由来推掉这些机会。

这就是我们内心不自信的表现，可是我们却以"这是一种谦让的美德"来掩饰。但其实，这只会给人生的道路上增加绊脚石。所以说，我们要学会摒弃这种不自信的心理。在摒弃之前，我们来了解一下不自信是怎么产生的。

心理学家们研究认为，造成我们缺乏自信的最大原因，其实根源在于我们的父母。是父母在潜移默化中将自己的不自信传递给了下一代，比如父母的态度、行为和举止等，这种影响非常隐蔽而又深远，甚至父母和孩子都不会察觉到。

孩子在小时候并没有形成自己完整的价值观，他们通过父母的眼睛来认识这个世界。即使父母有些行为是错误的，孩子也没办法分辨。比如说，如果父母没自信或感到自卑，作为孩子也会深受影响，认为自己应付不了家里和学校那些所谓简单的问题。孩子也会怀疑自己的能力，觉得自己不够好，不够优秀。

尤其孩子从出生到五岁这一阶段，被心理学家称为大脑的"印记阶段"。在这个阶段，大脑会没有防备地接收到外部的信息，而大脑接收到的信号又会指导孩子的行为，在潜意识里影响着孩子长大后的为人处世方式。

如果在这段时期内，父母爱拿孩子和别人比较，认为孩子比不上别人，这种行为也会导致孩子自信的丧失。当父母拿孩子和兄弟姐妹或其他孩子做比较时，孩子的自卑感就会增强。慢慢地，孩子就会认为自己是无能的，是不好的，是低人一等的，时间一长，就形成了自卑的心理。

每个人在刚刚降生到这个世界的时候，都是一个纯洁无瑕的天使。这个天使会被塑造成什么样子，跟小时候别人对他的评价有很大的关系。如果他一直被说成是一个"坏孩子"，那他就会做出一些坏孩子的行为。反之，如果他一直接受积极的鼓励，即使他真的有不足于别人的地方，也会培养出自信的气质。

史蒂芬·威廉·霍金是继爱因斯坦之后，世界上最著名的科学思想家和最杰出的理论物理学家，被誉为"宇宙之王"。但是他却是一个重症残疾人，在他21岁时，不幸患上了会使肌肉萎缩的"卢伽雷氏症"，全身肌肉严重变形，只有三根手指可以活动。这在一般人看来，简直和植物人没什么区别。但即便是这样，他也从来没有放弃自己，而是从容接受命运的安排，并越来越坚强，越来越自信。对他来说，比起植物人，比起失去生命，活着就是上天赐予的福利。通过自身的努力，他终于得到了世人的肯定。

霍金给我们树立了正面的榜样。他的故事恰恰可以说明，一个人是否拥有自信的能量，和这个人先天的条件没有绝对的关系。你要变得胆大起来，自信起来。

第四章
真心也要防心，处人先要识人

卧薪尝胆，化险为夷

成大事者所忍受的痛苦和承受的压力远远超乎常人的想象。从另一个角度来看，那些能够忍常人所不能忍之事的人，心中必定有着远大的抱负。

在1805年奥斯特利茨战役和1807年弗里德兰战役中，俄军被法军打得落花流水，实力大大减弱。刚登基的亚历山大一世重整旗鼓，与拿破仑展开了新的较量，与以往不同的是，这次他居然卑躬屈膝地讨好对方，处处退让，以屈求伸。

1808年，拿破仑决定邀请亚历山大在埃尔特宫举行会晤。举行这次会晤，拿破仑是为了避免两线同时作战，用法俄两国的伟大友谊来威慑奥地利。

亚历山大认为当时俄国的力量还不足以对抗拿破仑，所以决定佯装同意拿破仑的建议，利用这一机会做好准备，待时机一到，就促成拿破仑垮台。

有一次看戏，当女演员念出伏尔泰《俄狄浦斯》剧中的一句台词——"和大人物结交，真是上帝恩赐的幸福"时，亚历山大一脸真诚地说："我在此每天都深深感到这一点。"这使拿破仑非常满意。

又一次，亚历山大有意去解腰间的佩剑，发现自己忘了佩戴，而拿破仑则把自己刚刚解下的宝剑赠给亚历山大。亚历山大装作很感动的样子，热泪盈眶地说："我把它视作您的友好表示予以接受，陛下可以相信，我将永不举剑反对您。"拿破仑对他彻底消除了戒心。

1812年，俄法之间的利益冲突已经十分尖锐，这时亚历山大认为俄国已做好准备，于是借故挑起战争，并且打败了拿破仑。

亚历山大总结经验教训时说："拿破仑认为我不过是个傻瓜，可是谁笑到最后，谁就笑得最好。"

亚历山大妥协退让，使拿破仑放松了警惕。亚力山大又暗中壮大自己的实力，最终打败了对方。拿破仑被亚历山大的"忍让"迷惑了，最终失掉了自己的帝国。

"忍耐"可以让实力转换在瞬间完成，那些看似波澜不惊的退让会使你在几个回合之后获得自己的优势。

在中世纪的欧洲，国王的权力来自教皇，君权神授，神权高于君权。

1076年德意志帝国皇帝亨利与罗马教皇格里高利争权夺利，斗争日益激烈，最后发展到了势不两立的地步。

亨利首先发难，召集德国境内各教区的主教们开了一个宗教会议，宣布废除格里高利的教皇职位。格里高利则针锋相对，在罗马拉特兰诺宫召开会议，宣布驱逐亨利出教，不仅要求德意志人反对亨利，还打算在其他国家掀起反亨利浪潮。

一时间德意志内外反亨利力量的声势不断壮大，特别是德意志境内大大小小的封建主都兴兵造反，向亨利的皇位发起挑战。

亨利面对危局，被迫妥协。1077年1月，他身穿破衣，骑着毛驴，冒着严寒千里迢迢前往罗马，向教皇忏悔请罪。

格里高利不予理睬，在亨利到达之前躲到了远离罗马的卡诺莎行宫。亨利没有办法，只好又前往卡诺莎拜见教皇。教皇紧闭城堡大门，不让亨利进来。为了保住自己的皇帝宝座，亨利忍辱跪在城堡门前求饶。

当时大雪纷飞，地冻天寒，身为帝王的亨利却屈膝脱帽，整整在雪地上跪了三天三夜，教皇才开门相迎，宽恕了他。

亨利恢复了教徒身份，保住了帝位。他返回德国后，集中精力整治内部，将一度危及他皇位的内部反抗势力逐一消灭。在阵脚稳固之后，他立即发兵进攻罗马。在亨利的强兵面前，格里高利弃城逃跑，客死他乡。

亨利含辱负屈的卡诺莎之行是别有用心的。他利用缓兵之计赢得喘息时间，然后重整旗鼓，再和教皇较量。

大多能忍奇辱之人，日后必有过人之处。

走过同样的路，未必就是同路人

《琵琶行》中白居易的一句"同是天涯沦落人，相逢何必曾相识"名动天下，仿佛他与琵琶女在发现彼此境况相近的那一瞬间，距离一下子拉近了许多，这就是所谓的"共鸣"。那些曾经有过共同经历的人，更容易互相靠近，也更容易成为朋友。

人所共有的体验愈是特别，愈能让当事人拥有同伴意识。譬如"战友"这个词，对于某个时代或者某个特定环境中的人而言，包含了他人所不能体会的特殊感情，只要说一句"我也是某某部队的"，就可让初见面的对方倍加信任。又如许多人都认为同学之间的友谊是最真诚的，走出校门踏进社会之后，如果初次见面的人得知对方是校友、学友，就会产生一种莫名的亲切感，因为昔日美好的校园生活让人不能忘怀，因而认同了面前的人。

共同的经历可能会培养出共同的个性，却也并非绝对。毕竟，一个人的品质并非完全由人生经历决定。

刘成一曾当过兵，退伍后到一家外贸公司工作，凭着自己的勤奋好学，没过几年便成为业务骨干。后来，他辞职创办了一家公司，凭着自己的经验和奋勇拼搏的精神，他在商场上证实了自己的价值，拥有几百万的固定资产。1995年，刘成一的一个老

客户（也是一家公司）要搞融资租赁，请求刘成一提供担保。刘成一做事严谨，在做生意上一向以稳重著称，尽管是老客户，他依然按照惯例审查该客户与租赁公司的合同以及该客户的运营状况，审查后觉得并没有什么把握，准备婉言回绝。

一天，该公司又派了一名业务主管前来商讨此事。初次见面，两个人互相介绍，刘成一得知该人姓赵。赵某忽然说："我觉得你的名字很耳熟，你是不是某某部队的？"刘成一道出了自己曾在某部队当兵。赵某高兴地叫起来："哎呀，你是一班的，我是二班的，我说怎么觉得眼熟呢！"两人越谈越投机，似乎又回到了那炮声隆隆、硝烟弥漫的战场，于是刘成一请客，边吃边聊。

渐渐谈起担保的事，赵某向刘成一解释了一些他认为有疑点的地方，并保证自己公司的实力绝对没问题，资金只是暂时周转不过来，绝对不会连累对方的。刘成一正处在兴奋之中，对赵某的话深信不疑，也未做进一步核查，就在担保合同上签了字。其实，赵某所在的公司已经资不抵债，签订这个合同，就是为了骗刘成一公司的钱，让刘成一无法追回。

刘成一事后悔恨不已，一个"战友"毁了他十几年的苦心经营。

"战友"本是伟大而崇高的字眼，尤其是经过战火洗礼的战友之情非同一般。不料，赵某竟利用这种战友之情，为刘成一下了套，毁掉了他长久以来的努力与付出，跟这种人怎能论友情？

法国批判现实主义作家巴尔扎克说："没有弄清对方的底细，绝不能掏出你的心来。"经历是财富，不同时段的经历造就不同的财富。即便是有过相同经历的人，也只是拥有某一种共同的财富而已，并不代表整个人生的财富相同。毕竟那些共同的经历无法代表他的现在，也无法代表他的真诚，冷静客观地面对才不至于稀里糊涂地沦为别人利用的工具。

化敌为友，多个朋友

朋友一定是关心在乎你的人吗？对手一定是对你虎视眈眈打压你的人吗？未必如此。在你身边的人也许是最危险的人，而那些让你绞尽脑汁、费尽心机去对付的讨厌鬼也许才是让你不断进步、不断成长的根本动力。

即使是最要好的朋友，一旦你们之间产生了利害冲突，就很难保证你们的友谊不会变质。更可怕的是，所谓的密友从你背后扎一刀可能是最致命的。因为在你们亲密接触的日子里，他早就掌握了你的"死穴"。

林萧是一个开朗乐观、美丽大方的女孩，进大学的第一天，她就和宿舍的其他姐妹熟悉起来。即使是内向的白洁也无法拒绝她热情的微笑，两个性格截然不同的女孩很快成了无话不谈的好朋友。

大二的时候，林萧因为多才多艺当选了校学生会文艺部的部长，她很忙，忙着组织各种活动，忙得顾不上吃饭、睡觉，甚至是学习，因为白洁是她最好的朋友，所以很多事情她自然会想到请白洁帮忙。"白洁，今天中午帮我买一下饭啊！""白洁，帮我复印一下这份笔记好吗？"一开始白洁都会毫无怨言地帮她做这些事，可是次数多了，敏感的白洁觉得自己俨然成了林萧的使唤丫头。林萧又喊她帮忙时，她冷着脸说："我是你的保姆啊？"林萧诧异地看了她一眼，说："你没事儿吧？"林萧也没放在心上，说完就去忙其他的事了。

在校园里，像林萧这样的女生自然会得到许多男生的青睐，隔三岔五就会有男生捧着鲜花或者各种零食来宿舍找她，她很大方，鲜花往宿舍桌上的大花瓶里一插，至于零食，大家共享。她是好意，可白洁就觉得她是在向大家炫耀，每次看到那些美丽的鲜花，白洁总会觉得心里堵得慌。

大二下学期的时候，学校里有两个去国外交换的名额，林萧幸运地获得了其中的一个。在为她送行的宴会上，白洁勉强地微笑着，内心却愤愤不平：同样是人，为什么她就这么幸运呢？

那天晚上，白洁终于不能控制自己，她以林萧高中同学的口吻写了三封匿名信，分别寄到学校、系里和学生会。由于平时林萧说过很多自己的情况，白洁编造起来滴水不漏。信里的内容迅速传开了，校方信以为真，取消了林萧的出国名额。老师、同学都用异样的目光注视着林萧，她在人们心中成了卑鄙、欺骗的代名词，这对于一向自信、顺利的林萧来说，是一个致命的打击。她日渐沉默和消瘦，几乎不和任何人说话，每天苍白着脸游荡在教室和宿舍之间。虽然后来证明匿名信中的内容全是谎言，林萧还是选择了退学。她悄悄地办好了手续，悄悄地收拾好东西离去，没有向任何人告别。匿名信中那些逼真的细节，让她一眼就看出是谁的大作。与失去出国机会相比，被最好的朋友出卖让她受到的伤害更大。这件事在她心中留下了永远的阴影。

现实生活中与人打交道时的确要谨慎小心，考虑一些防患对策，为自己留点余地，才不至于在事情发生之后追悔莫及。

《诗经·卫风》中有云："投我以木桃，报之以琼瑶。"

愿你的生活既有善良，又有锋芒

就是说，你对我好，我对你更好。普通的朋友之间通常如此，但倘若胸怀宽广，对自己的对手也能"投以木桃"，那你的对手一定会感激涕零，视你为恩人一般，日后定会选择合适的时机报答你，给予你帮助，让你获得更大的成功。

张伯伦在担任英国首相期间，曾再三阻挠丘吉尔进入内阁，他们的政见不合，特别是在对外政策上，张伯伦和丘吉尔存在很大的分歧。后来张伯伦在民众投票中惨败，社会舆论普遍支持丘吉尔领导内阁。出人意料的是，丘吉尔在组建内阁的过程中，坚持让张伯伦担任枢密院院长。这是因为他认识到保守党在议会中占绝大多数席位，张伯伦是他们的领袖，在自己对张伯伦进行了多年严厉的批评和谴责之后，取张伯伦而代之，会令保守党内许多人感到不愉快。为了国家的最高利益，丘吉尔决定留用张伯伦，以赢得这些人的支持。

后来的事实证明，丘吉尔的决策很英明。当张伯伦意识到自己的绥靖政策给国家带来巨大灾难时，他并没有利用自己在保守党的领袖地位给昔日的对手丘吉尔找麻烦，而是以反法西斯战争的大局为重，竭尽全力做好自己分内之事，对丘吉尔起到了较好的配合作用。

对于昔日的对手，打击报复只能为自己埋下无端的祸根，而善待他们，不但有可能感化他们，还有可能为我们自己的事业扫除一定的障碍。

牢记识人禁忌，精准识人

"人"是非常简单的一个字，而"识人"却是极其难学的一门课。在当下这个人与人互动越来越频繁的时代，不管是新交还是旧识，我们每天都要不断跟人交往、相处。很多时候，能否精准识人乃是人际交往的关键。

然而，想要做到精准识人，一定要牢记两大禁忌。

禁忌一：凭个人爱好识人

了解历史的朋友都知道，颜驷历经汉文帝、汉景帝和汉武帝三世，直至白发苍苍之时，仍在郎署（汉朝官署名）为郎（官名）。很多人都好奇，为何颜驷一生如此不得志？究其原因，就不得不说说三位皇帝的喜好了。正如颜驷所言："文帝好文而臣好武，景帝喜好年老的而臣尚年少，陛下喜好年少的而臣已年老，因此历经三世都没有晋升的机会，只好一直在此当差了。"试想，如果文帝好武，景帝喜好年少者，武帝喜好年老者的话，颜驷一生的际遇必定大不相同。

虽说人非草木，有自己喜爱的事物与厌恶的事物是人之常情，但如果识人鉴人的时候也完全根据自己的喜好来，往往会大失精准。在识人过程中，若不能看清对方的本质，完全从自己对对方的厌恶出发，很容易忽略了对方的优点，甚至把对方的优点当作缺点。相反，若完全从自己对对方的好感出发，会很容易忽略对方的缺点，甚至把对方的缺点当作优点。

禁忌二：凭出身识人

生活中，大家总喜欢用"从门缝里看人"来讽刺那些仅仅以他人的出身来评价他人是非的人。虽然这种讽刺有些露骨，但仅凭借出身、背景来识人确实比较片面与武断。

公孙鞅是魏相公叔座的家臣。公叔座死前，曾极力向魏惠王推荐公孙鞅，劝魏惠王"以国事听之"，重用公孙鞅。但是，魏惠王认为公孙鞅只是个家臣，身份太低微了，那些劝告只是公叔座病糊涂时乱讲的。所以，公叔座死后，魏惠王并没有重用公孙鞅。后来，由于一些嫉贤妒能者企图加害公孙鞅，公孙鞅只好投奔秦国。在秦国，公孙鞅受到秦孝公的重用。结果，秦国日强，魏国日弱。

识人难，精准识人更难！千万不可仅凭自己的喜好或对方的出身背景给一个人定性，那样很不客观、很不全面。

见人只说三分话，未可全抛一片心

你是否遭遇过职场背叛？一向亲密的好同事在最关键的时

候，为了一己之私而出卖了你；或者是你一直信任的下属，在某个重要时刻倒戈相向。这种时候，你感觉被欺骗、被出卖，其痛苦程度不亚于情场失意。其实你没有必要这样，因为这不是你的原因导致的，只能说你识人不准，太过大意。

岳悦是一家外资企业的主管，负责公司的市场开拓和产品研发工作。去年，她的部门招聘了一个刚从外贸学院毕业的大学生小雪，小雪做事比同龄人老练成熟，让岳悦对她刮目相看。渐渐地，她们的关系有所改变，话也越来越多，越谈越细，后来几乎是无话不谈。当然，这其中也包括对同事及企业的一些看法。

她们还经常相约一起逛街吃饭，小雪表现出来的乖巧和体贴让岳悦很受用，二人之间的谈话内容更加肆无忌惮，当然，主要是岳悦自己在谈，但是她却全然没有察觉。

没多久，老板突然找岳悦谈话，大体内容是希望岳悦能注意自己的言行，不要对同事和企业妄加评论，这样对工作的开展不利，对企业形象更是不利，还透露本来想让岳悦升职，但由于她的不成熟只好以后再考虑了。他同时还告诉岳悦，由于小雪的表现出色，将被调到公关部任主管。

很明显，岳悦遭遇了职场背叛，这都要归结于她的不谨慎。

一个人被陌生人伤害了可能是运气不佳，可要是被最亲密的人伤害了，那才叫伤心。

假如，和我们交往的是位品德高尚的人，那么，即使其外表并不英俊潇洒，我们也会与之和谐相处。但假如我们所见到的是一个虚伪自私的人，尽管此人仪表堂堂，举止文雅，我们仍会觉得他道貌岸然、行为可耻。

由此可见，人的本质平时都隐藏着，看不见又摸不着。你必须看到他的正面，又看到他的反面，才能了解他的心；必须看到他的外表，又要看到他的内心，才能吃透他的本意。

希腊有句谚语："很多显得像朋友的人其实不是朋友，而很多是朋友的倒并不显得像朋友。"很多人在落难的时候才发现，背叛自己、出卖自己的往往是自己十分信赖的朋友，而曾被自己怀疑的人却成了自己的救星，真是可笑又可悲。世上有很多人需要甄别，要看透真的很难，但若用"心眼"去看，就能看得清清楚楚。

工作中的好心人未必都有好心肠

对你和颜悦色、笑脸相迎的人未必真心对你好，俗语说"会咬人的狗从不叫"。

乔治·凯利和鲍尔同在爱德尔大酒店餐饮部掌厨。鲍尔在公司人缘极好，他不仅手艺高超，而且总是笑脸迎人，待人和气，从来不为小事发脾气。同事对他的评价很高，都称他为"好心的鲍尔"。

一天晚上，乔治·凯利有事找经理。到了经理室门口时，他依稀听到里面的人正在说话，其中一个声音应该是鲍尔的。他仔细一听，原来是鲍尔正在向经理说同事的不是，平日里很多小事都被鲍尔添油加醋地说出来，像汤姆把餐厅的菜单拿给他做餐馆生意的叔叔啦，还有玛丽平时工作不认真，好在工作时间给朋友打电话。他还说了自己的坏话，以此抬高他本人。乔治·凯利不由得心生一阵厌恶。

从此以后，乔治·凯利对于鲍尔每一个表情，每一句话都充满了厌恶和排斥感。无论他表演得多好，说任何好听的话，乔治·凯利都对他存有戒心。同事也从乔治那里看出了些什么，对鲍尔也敬而远之了。

办公室里的人际关系错综复杂，没有一双"慧眼"是不可能很好地生存的。在你身边的竞争者当中，不乏冷若冰霜的自私者、趾高气扬的傲慢者，但最可怕的是所谓的"好心人"。这些"好心人"往往有着不错的人缘，很好的口碑，能够在各种大事小情里发现他们的身影。他们往往戴着友善的面具，赢得上司的信赖和同事的敬重，却在背后干着不好的勾当。他们的可怕之处在于让你蒙受不白之冤，让你置身于两难境地，分不清谁是敌、谁是友。因此，你要擦亮双眼，提高警惕，仔细观察，谨慎处世，那么无论多么狡猾的"好心人"，终有一天会现出原形。

办公室里没有无缘无故的爱，也没有无缘无故的恨。当我们被别人的花言巧语、阿谀奉承所蛊惑时，千万要保持清醒的头脑，提高我们的分析辨别能力，并不是每一个对你横眉冷对、不

愿你的生活既有善良，又有锋芒

恒不火的人都是你的敌人，也并不是所有对你热情周到、跟你称兄道弟的人都是你的朋友。

在工作中，有一种人整天面带笑容，见人十分客气，表现得特别友好；暗地里，却造我们的谣，拆我们的台。这种所谓的"好心人"，往往容易让我们吃了亏还不知道是怎么回事，因为许多人压根儿就不知道这一巴掌正是他打来的。此类人看来异常谦卑恭敬，礼貌周到，热情友善，不难于相处，可是他们背后做的事别人却一无所知，他们即使开怀畅饮后也难有半点口风露出。这种人通常在任何时间、场合、处境，面对任何人物，都会笑面迎人，亲热非常，原因是笑对他们来说是一种常态，也是一种与人沟通的媒介。

对这种所谓的"好心人"，一定要特别当心。这类"好心人"的特点是：上下班总是主动和你打招呼，表现出过分的热情，甚至跟你称兄道弟。为了博取你的好感，往往他还会顺着你的话滔滔不绝

愿你的生活既有善良，又有锋芒

地说下去。

另外，这种人如果和同事发生了利害冲突，会不顾一切地去争取自己的那一份微小的利益。这时候，他们伪善的面具自然就会脱落，露出真实的嘴脸。

在日常工作中，我们与人相处不能只注意表象，也不能仅从某事来判断一个人。我们只有仔细观察，多方求证，时间长了才能看清一个人的真面目。在此之前，待人接物，一定要加倍小心，谨防职场上的"好心人"。

我们对于这种所谓的"好心人"的认识的确需要一个过程。要在观察、了解中分析，才能揭开他们的虚假面具，使他们的真面目暴露在众人面前。

我们千万不能把他们当成知己好友，并把自己的心事轻易地告之。否则，不但会惹来对方的轻视，还会成为别人的笑柄。同时，我们也不能惹恼他们。因为，如果我们引起他们的反感，他们对我们的评价就会影响周围人对我们的印象，那我们不是自讨苦吃吗？当然，只要留心观察，同事中的这类人还是不难辨认的。

第五章

该拒绝时就拒绝，别让不好意思害了你

拖延、淡化，不伤其自尊也将其拒绝

一般人都不太好意思拒绝别人，但在很多情况下，我们为了避免不必要的困扰，对一些不合理要求或力不从心的事有必要拒绝，但怎样做既不会伤害对方自尊心又能达到拒绝的目的呢？当对方提出请求后，不必当场拒绝，你可以说："让我再考虑一下，明天答复你。"这样，既让你赢得了考虑如何答复的时间，也会让对方认为你是很认真对待这个请求的。

某单位一名职工找到上级要求调换工种。领导心里明白调不了，但他没有马上回答说"不行"，而是说："这个问题涉及好几个人，我一个人决定不了。我把你的要求报上去，让厂部讨论一下，过几天答复你，好吗？"

这样回答可以让对方明白：调工种不是件简单的事，存在着两种可能，让对方在思想上有所准备，这比当场回绝效果要好得多。

一家汽车公司的销售主管在跟一个大买主谈生意时，这位买主突然说想看一下该汽车公司的成本分析数据，但这些数据是公司的绝密资料，是不能给外人看的。可如果不给这位大买主看，势必会影响两家和气，甚至会得罪这位大买主。

愿你的生活既有善良，又有锋芒

这位销售主管并没有直接说"不，这不可能"之类的话，而是婉转地说出了"不"。"这个……好吧，下次有机会我给你带来吧。"知趣的买主听过后便不会再来纠缠他了。

某位作家接到老朋友打来的电话，对方邀请他到某大学演讲，作家如此答复："我非常高兴你能想到我，我将查看一下我的日程安排，我会回电话给你的。"

这样，即使作家表示不能到场的话，他也有充裕的时间去化解某些可能的内疚感，并使对方轻松、自在地接受。

陈涛夫妻俩下岗后自谋生路，利用政府的优惠贷款开了一家日用品商店，两人起早摸黑把这个商店经营得红红火火，收入颇丰，生活自然有了起色。陈涛的舅舅是个游手好闲的赌棍，经常把钱输在麻将台子上，这段时间，手气不好又输了，他不服气，还想扳回本钱，又苦于没钱了，就把眼睛瞄准了外甥的店铺，打定了主意。一日，这位舅舅来到了店里对陈涛说："我最近想买辆摩托车，手头尚缺5000块钱，想在你这儿借点周转，过段时间就还。"陈涛了解舅舅的嗜好，借给他钱，无疑是肉包子打狗，就敷衍着说："好！再过一段时间，等我把到期的银行贷款还清了就给你筹钱，银行的钱可是拖不起的。"这位舅舅听外甥这么说，没有办法，知趣地走了。

陈涛不说不借，也不说马上就借，而是说过一段时间，等还清银行贷款后再借。这话含多层意思：一是目前没有，现在不能借；二是我也不富有；三是过一段时间不是确指什么时候，到时借不借再说。舅舅听后已经很明白了，但他并不会心生怨恨，因为陈涛没有说不借给他，要过一段时间看情况再说，给了他一个台阶。

因此，处理事情时，巧妙地一带而过比正面拒绝更有效，且不伤和气。

先承后转，让对方在宽慰中接受拒绝

日常生活中，我们经常会遇到这样的情况，对方提出的要求并不合理，我们无法予以满足。在这种情况下，拒绝的言辞可采用"先承后转"的形式，使其精神上得到一些宽慰，以减少因遭拒绝而产生的不愉快。

李刚和王静是大学同学，李刚这几年做生意虽说挣了些钱，但也有不少的外债。两人毕业后一直没有来往，一天，王静突然向李刚提出借钱的请求，李刚很犯难——借吧，怕担风险；不借吧，同学一场，又不好拒绝。思忖再三，最后李刚说："你在困难时找到我，是信任我、瞧得起我，但不巧的是我刚刚买了房子，手头一时没有积蓄，你先等几天，等我过几天欠款结回来，一定借给你。"

有的时候对方可能会因急于事成而相求，但是你确实没有办法帮助他，这种时候一定要考虑到对方的实际情况和当时的心情，一定要避免使对方恼羞成怒。

拒绝还可以先从感情上表示同情，然后再表明无能为力。

黄女士在民航售票处从事售票工作，由于经济的发展，乘坐飞机的旅客与日俱增，黄女士时常要拒绝很多旅客的订票要求，黄女士每次都是带着非常同情的心情对旅客说："我知道你们非常需要坐飞机，从感情上说我也十分愿意为你们效劳，让你们如愿以偿，但票已订完了，实在无能为力。欢迎你们下次再选择我们的航班。"黄女士的一番话，叫旅客再也提不出要求来。

先扬后抑这种方法也可以说成是一种"先承后转"的方法，这也是一种力求避免正面表述，间接拒绝他人的方法。先用肯定的口气去赞赏别人的一些想法和要求，然后再来表达你拒绝的理由，这样你就不会直接地去伤害对方的感情和积极性了，而且还能够使对方更容易接受你的拒绝，同时也为自己留下一条退路。

一般情况下，你还可以采用下面一些话来表达你的拒绝之意："这真的是一个好主意，只可惜我们……等情况好了再说吧！""这个主意太好了，但是如果只从眼下的这些条件来看，我们必须要放弃它，我想我们以后肯定是能够用到它的。""我知道你是一个体谅朋友的人，若不是对我十分信任，认为我有能力做好这件事，你是不会找我的，但是我实在忙不过来了，下次我一定会尽我的全力来支持你。"

借用对方的话回绝，干脆又不伤人

拒绝不一定非要表明自己的意思，许多时候，利用对方的话来拒绝他，是更聪明的选择。只要合理利用对方的话语里提到的相同问题，巧踢"回旋球"，就会让对方"哑巴吃黄连——有苦说不出"。

小李从旅游局一个朋友那里借了一架照相机，他一边走一边摆弄着，这时刚好小赵迎面走来了。他也知道小赵有个毛病：见了熟人有好玩的东西，非得借去玩几天不可。这次小赵看见了他手中的照相机又非借不可。尽管小李百般说明情况，小赵依然不肯罢休。小李灵机一动，故作姿态地说："好吧，我可以借给你，不过我要你保证不要借给别人，你做得到吗？"小赵一听，正合自己的意，就连忙说："当然，当然。我一定做到。""绝不失信？"小李还追问了一句。"绝不失信，失信还能叫人？"小李斩钉截铁地说："我也不能失信，因为我也答应过别人，这个照相机绝不外借。"听到这儿，小赵目瞪口呆了，这件事就只能这样算了。

有一部分人会产生这样的想法：难道我们在现实生活中非要

拒绝别人不可吗？我们在拒绝他人时一定要采用这些委婉的方法吗？这个问题问得恰到好处。

在现实生活中，关于拒绝他人，我们还要注意以下问题：

第一，在日常生活中，我们应该真诚地对待朋友和同学，积极地帮助他们。每个人都应该明白一个简单的道理：平时帮人，拒人才不难。

第二，如果是由于自己能力有限或客观原因，我们应该坦诚相对，说明自己的实际情况，同时，要积极帮对方想办法。

第三，对于某些情况，直接说"不"的效果更好，特别是对于那些违法乱纪的事情，应持坚决的态度来拒绝。对于那些可能引起误解的事情，也应该明确自己的态度，否则会"当断不断，反受其乱"。此外，如果拒绝不明会影响事情的发展，就应该直截了当地拒绝对方。

第四，即使我们掌握了一些比较好的方法，在拒绝对方时，我们也应该语气委婉，最好还能面带微笑，这样既能达到自己拒绝他人的目的，又能消除拒绝给对方带来的不快。

先说让对方高兴的话题，再过渡到拒绝

对于他人的话，人们总是会表现出情感反应。如果先说让人

高兴的话，即使马上接着说些使人生气的话，对方也能以平和的心态继续听。利用这种方法，可以拒绝不合理的要求。

有一个乐师，被熟人邀请到某夜总会乐队工作。乐师嫌薪水低，打算立即拒绝，但想起以往受过对方照顾，他不便断然拒绝。他心生一计，先说些笑话，然后一本正经地说："如果能使夜总会生意兴隆，即使奉献生命，在下也在所不辞。"

此时夜总会老板自然还是一副笑脸，乐师抓住机会立刻板起面孔说："你觉得什么地方好笑？我知道你在笑我。你看扁我，不尊重我。这次协议不用再提，再见！"就这样，乐师假装生气，转身便走。老板却不知该如何挽留他，虽生悔意，但为时已晚。

因此，面对不合理的要求，要出其不意地敲打对方一下，以便拒绝对方。若缺乏机会，不妨参照上例，制造机会，先使对方兴高采烈，然后趁对方缺乏心理准备时，找到借口及时退出，达到拒绝的效果。

一位名叫金六郎的青年去拜访本田宗一郎，想将一块地卖给他。本田宗一郎很认真地听着金六郎的讲话，暂时没有发言。

本田宗一郎听完金六郎的陈述后，并没有做出"买"或者"不买"的直接回答，而是在桌子上拿起一些类似纤维的东西给金六郎看，并说："你知道这是什么东西吗？"

"不知道。"金六郎回答。

"这是一种新材料，我想用它来做汽车的外壳。"本田宗一郎详详细细地向金六郎讲述了一遍。

本田宗一郎共讲了15分钟之久，谈论了这种新型汽车制造材料的来历和好处，又诚诚恳恳地讲了他明年将采取何种新的计划。金六郎摸不着头脑，但感到十分愉快。本田宗一郎在送金六郎离开时才顺便说了一句，他不想买对方的那块地。

如果本田宗一郎一开始就将自己的想法告诉金六郎，金六郎一定会问个究竟，并想方设法劝说本田宗一郎，让他买下这块地。本田宗一郎不直接言明的理由正是如此，他不想与金六郎为此争辩什么。

不失礼节地拒绝他人的不当请求

老周在法院工作，他好朋友的亲戚犯了法，正好由他审理，好朋友的亲戚托好朋友请老周吃饭，并且给老周包了一万元钱的红包，要老周网开一面，从轻发落。如果老周接受了钱，弄不好会给自己招惹不必要的麻烦。而如果不接受，又可能伤了朋友之情，并让对方在亲戚面前脸面无光。老周左右为难，不知如何是好。

与人相处，人们经常会遇到老周这样的情况，即面对爱人、亲人、好友等亲密之人的请求，比如借钱，帮忙做某事等。许多时候，我们并不愿意答应这些请求，却又不好意思说"不"，处于十分为难的境地。如果违心地答应下来，是为自己添烦恼；如

愿你的生活既有善良，又有锋芒

果假装答应却不做，又失信于人。

一般来说，尽可能地帮助自己的亲密之人，这是人之常情。但是，面对亲密之人的不当要求，我们一定要坚持自己的原则。特别是当他们的要求有违国家法律法规，有违社会公共道德或有违家庭伦理时，我们更应坚守自己的原则和立场，毫不留情地予以拒绝，还应帮助对方改变那些错误思想和行为。

拒绝亲密之人的不当要求是一门学问，是一项应变的艺术。要想在拒绝时既消除自己的尴尬，又让对方有台阶可下，这就需要掌握一些巧妙的拒绝方法，比如：

1.巧用反弹

别人以什么样的理由向你提出要求，你就用什么样的理由拒绝，这就是巧用反弹的方法。在《帕尔斯警长》这部电视剧中，帕尔斯警长的妻子出于对帕尔斯的前程和人身安全考虑，企图说服帕尔斯终止调查一位大人物虐杀自己妻子的案子。最后她说："帕尔斯，请听我这个做妻子的一次吧。"他却回答说："是的，这话很有道理，尤其是我的妻子这样劝我，我更应该慎重考虑。可是你不要忘记了这个坏蛋亲手杀死了他的妻子！"

2.敷衍拒绝

敷衍式的拒绝是最常用的一种拒绝方法，敷衍是在不便明言回绝的情况下，含糊地回绝请托人。拒绝亲密之人的不当要求也可采用这一方法。运用这种方法时，需要对方有比较强的领悟能力，否则难以见效。采用这种方法时，我们可以具体运用借口推托、答非所问、含糊拒绝等具体方式。

3.巧妙转移

面对别人的要求，你不好正面拒绝时，可以采取迂回的战术，转移话题也好，另找理由也好，要善于转移话题——绝不会答应，但也不至于撕破脸皮。比如，先向对方表示同情，或给予赞美，然后提出理由，加以拒绝。由于先前对方在心理上已因为你的同情而对你产生好感，所以对于你的拒绝也能以"可以谅解"的态度接受。

总之，面对亲密之人提出的不当要求，切忌直接拒绝，尽量使用间接拒绝的方法。从对方的立场出发，阐明自己的观点，就会使对方自然而然地接受。

此外，拒绝别人时，也要有礼貌。任何人都不愿被拒绝，因为被别人拒绝，会感到失望和痛苦。当对方向自己提出不合理要求时，你可能感到气愤，甚至根本无法忍受，但你也要沉住气，千万不可大发雷霆、出言不逊、恶语伤人。在拒绝对方时，更要表现出你的歉意，多给对方以安慰，多说一些"对不起""请原谅""不好意思""您别生气"之类的话。由于你的态度十分诚恳，即使对方想无理取闹，也说不出什么，反而会觉得你是一个彬彬有礼的人而愿意与你亲近。

愿你的生活既有善良，又有锋芒

绕个弯再拒绝

断然拒绝别人会显得一个人不拖泥带水，但对于遭到拒绝的人来说，你的做法是很不讲义气的。聪明人这时会绕个弯，不直接说出拒绝的话，委婉地让对方明白自己的意思。

1799年，年轻的拿破仑·波拿巴将军在意大利战场取得全胜后凯旋。从此，他在巴黎社交界身价倍增，成为众多贵妇追逐青睐的对象。

然而，拿破仑对此却并不热衷。可是，总有一些人紧追不放，纠缠不休。当时的才女、文学家斯达尔夫人，几个月以来一直在给拿破仑写信，想结识这位风云人物。

在一次舞会上，斯达尔夫人手上拿着桂枝，穿过人群，迎着拿破仑走来。拿破仑躲避不及。于是，斯达尔夫人把一束桂枝送给拿破仑。拿破仑笑着说道："应该把桂枝留给缪斯。"

然而，斯达尔夫人认为这只是一句俏皮语，并不感到尴尬，继续与拿破仑纠缠。拿破仑出于礼貌也不好生硬地中断谈话。

"将军，您最喜欢的女人是谁呢？"

"是我的妻子。"

"这太简单了，您最器重的女人是谁呢？"

"是最会料理家务的女人。"

"这我想到了，那么，您认为谁是女中豪杰呢？"

"是孩子生得最多的女人，夫人。"

他们这样一问一答，拿破仑达到了拒绝的目的，斯达尔夫人也知道了拿破仑并不喜欢自己，于是作罢。

小王毕业以后被分到一个小地方打杂，起初很失意，成天和一帮哥们喝酒、打牌，后来逐渐醒悟过来，准备参加等级考试。

有一天晚上，他正在埋头苦读，突然一个电话打过来叫他去某哥们家集合，一问才知道他们"三缺一"。小王不好意思讲大道理来拒绝他们的邀请，也不想再像以前一样没日没夜地玩了，便回答说："哎呀，哥们儿，我的臭手你们还不清楚啊？你们成心让我'进贡'嘛？我这个月的工资都快见底了！这样吧，一个小时，就打一个小时，你们答应我就去，不答应就算了。"一阵哄笑后，对方也不好继续纠缠，后来他们都知道小王真的另有他事，也就不再打扰了。

还有这样一个例子：

1972年5月27日凌晨1点，美苏围绕限制战略性武器的问题刚刚签署四项协定，基辛格就在莫斯科一家旅馆里向随行的美国记者团介绍情况。当他说到"苏联每年生产的导弹大约250枚"时，一位记者问："我们的情况呢？我们有多少潜艇导弹正在配置分导式多弹头？有多少'民兵'导弹正在配置分导式多弹头？"基辛格回答说："我不太肯定正在配置分导式多弹头的'民兵'导弹有多少。至于潜艇，我的为难之处在于数据我是知道的，但我不知道是不是保密的。"一个记者连忙说："不是保密的。"基辛格反问道："不是保密的吗？那你说有多少呢？"记者们都傻眼了，只好嘿嘿一笑。

绕着弯拒绝别人，是一种讨人喜欢的说话方式。但绕弯必须做到不讨人厌，也就是说必须巧妙地用三言两语把拒绝的意思表达出来。如果绕了半天，对方还是一头雾水，那

就弄巧成拙了。

找个人替你说"不"，不伤大家感情

在拒绝他人的诸多妙法中，有一种比较艺术的方法就是制约法。所谓制约法，就是以别人为借口表示拒绝。这种方法很容易被人接受：既然爱莫能助，也就不便勉强。

有个女孩子是个集邮爱好者，她的几个好朋友也是集邮迷。一天，有个朋友向她提出要换邮票，她不想换，但又怕朋友不高兴，便对朋友说："我也非常喜欢你的邮票，但我妈不同意我换。"其实她妈妈从没干涉过她换邮票的事，她只不过是以此为借口，但朋友听她这样一说，也就作罢了。

有时为了拒绝别人，可以说："对不起，这件事情我实在不能决定，我必须去问问我的父母。"或者是："让我和孩子商量商量，决定了再答复你吧。"

这是拒绝的好办法，表示能做决定的不是本人，既不伤害朋友的感情，又可以使朋友体谅你的难处。

人处在一个大的社会背景中，受制约的因素很多，为什么不以需要集体决议的借口回绝对方呢？如：有人让你做决定，假如你是领导成员之一，你可以说，我们单位是集体领导制，像刚才的事，需要大家讨论才能决定。不过，这件事恐怕很难通过，你最好别抱什么希望。如果你实在要坚持的话，待大家讨论后再说，我个人说了不算数。这就是把矛盾引向了另外的地方，意思是我不是不给你办，而是我决定不了。请求者听到这样的话，一般都会打退堂鼓。

一个年轻的物资销售员经常在饭桌上与客户打交道，长此以往，他觉得自己的身体每况愈下，已不能再像以前那样喝太多的酒了，可有时又是免不了要喝酒的，怎么办呢？后来他想到一个妙计。每当客户劝他多喝点的时候，他便诙谐地说："诸位仁兄还不知道吧？我家里那位可是一个母老虎，我这么酒气熏天地回去，万一她河东狮吼，我还不得跪搓衣板啊！"

他这么一说，客户觉得他既诚恳又可爱，自然就不再多劝了。

所以，如果难以开口的话，不妨采取这里所讲的方法，找一

愿你的生活既有善良，又有锋芒

个人"替"你说"不"，这样所有的尴尬都可以化解，别人也不会对你有所抱怨。

遭遇拒绝后坚持友好的语气

当我们怀着某种目的与别人谈话时，总是希望能得到肯定回答。但正如俗话所谓"好事多磨"，开始时往往会被人拒绝。

被拒绝了心里肯定不好受，那怎样回应呢？有的人气盛，一句话就给人家顶回去了，落得不欢而散。有的人虽然心里不快，但是还能冷静下来，用平和的语气来晓之以理。显然后者是比较理智的，能让对方也冷静地思考并认为你很有涵养。转机说不定就会在此时发生。

在一家企业招聘时，小齐凭借自己的实力通过了笔试和前几轮面试，在最后一轮面试过程中，考官突然问道："经过了这轮面试，我们认为你不适合我们的单位，决定不录用你，你认为自己有哪些不足？"

面对考官的问题，小齐虽然很失望，也比较气愤，但还是平静地回答道：

"我认为面试向来是一半靠实力，一半靠运气的。我们不能指望各位考官通过一次面试就能对我的才能、品格有充分的了解和认识。在这次面试中，我学到了很多东西，也发现了自己的不足——既有临场经验的不足，也有知识储备的不足。希望以后能有机会向各位考官讨教。我会好好地总结经验，加强学习，弥补不足，避免在今后工作中再出现类似的问题。另外，希望考官能继续对我进行全面、客观的考查，我一定会努力，使自己尽量适应岗位的要求。"

其实，考官这是在考察小齐的应变能力，并非真的对他不满，如果他们认为小齐不合适的话，不可能再问他问题。小齐沉着应付，没有因为心慌而暴露自己的弱点，回答时非常谦虚，把重点放在弥补自己的弱点上，这可以看出他积极进取的品质，甚至他还诚恳地表示要向考官讨教，无形中博取了他们的好感。

生活就是这样，我们没有理由要求别人接受我们，当遭遇拒绝的时候，我们一定要保持平和的心态，用友好的语气据理力争。

尤罗克是美国著名的剧团经理人，在较长时间内和夏里亚宾、邓肯、巴芙洛丽这些名人打交道。有一次，尤罗克讲，同这些明星打交道他领悟到了一点，就是必须对他们的荒谬念头表示赞同。他为曾在纽约剧院演出的著名男低音夏里亚宾当了三年的剧团经理人。夏里亚宾是个难以相处的人。比如，该他演唱的那一天，尤罗克给他打电话，他却说："我感觉非常

愿你的生活既有善良，又有锋芒

不舒服，今天不能演唱。"尤罗克先生和他发生争吵了吗？没有。他知道，剧团经理人是不能和人争吵的。尤罗克马上去了他的住处，压住怒火对他表示慰问。

"真可惜！"尤罗克说，"您今天看来真的不能再演唱了。我这就吩咐工作人员取消这场演出。这样您总共要损失2000美元左右，但这对您能有什么影响呢？"

夏里亚宾吁了一口长气说："你能否过一会儿再来？晚上5点钟来，我再看看感觉怎样。"

晚上5点钟，尤罗克先生来到夏里亚宾的住处，再次表示了自己的同情和惋惜，也再次建议取消演出。但夏里亚宾却说："请你晚些时候再来，到那时我可能会觉得好一点儿。"

晚上8点30分，夏里亚宾同意了演唱，但有一个条件，就是要尤罗克先生在演出之前宣布歌唱家患感冒、嗓子不好。尤罗克先生说一定照此去办，因为他知道这是促使夏里亚宾登台演出的最好办法。

遭到拒绝是很令人沮丧的事情，但即使再沮丧，也应该保持理智，说话和气一些。因为一时的拒绝并不等于永远拒绝，有时有可能是对方耍的一个小花招。你如果因此口出恶言，就彻底丧失了回旋的余地，而保持理智，还能为今后合作留下机会。

对自己不喜欢的疯狂追求者说"不"

我们每一个人都有爱的权利，更有选择爱的权利，进而就有拒绝那些疯狂追求者的权利。

一些人面对着自己不喜欢的追求者却不知道怎么拒绝，原因是他们太善良，不忍心对着为了自己付出了很多的人说出那个残忍的"不"字，但是如果就这样假装自己被感动而勉强和对方在一起的话，只会让自己遭受折磨。试想谁能坚持每天假装喜欢一个人呢？等到实在受不了了再说分手的时候，那无疑会让自己更加难受，也会给对方造成更大的痛苦，他可能会认为你残忍、无情，欺骗了自己的感情。所以长痛不如短痛，我们想要让自己活得快乐，有时候就难免得让一些人失望了。

有很多既漂亮又聪明的女孩，虽然身边充斥着许多疯狂追求者，但是她们却没有那么多烦恼，因为她们总能知道如何运用拒绝的方法。她们不会当面直接拒绝这些疯狂追求者，而是与他们非常融洽地相处，也让他们明白一个前提，那就是她和他们只能当朋友，不会发展为恋人关系。

有时候如果你说你有男朋友了，有些追求者是不会死心的，但是如果你说你已经结婚了，那些追求者就会自动打退堂鼓。

愿你的生活既有善良，又有锋芒

但是，还是有一些因为疯狂追求而酿成惨剧的案例，让我们触目惊心。

2012年的2月24日，随着网络上曝光的一件事，周岩以极快的速度进入人们的视野。人们在震惊的同时，又不禁扼腕叹息。

合肥女中学生周岩因拒绝同学陶汝坤的求爱，竟被陶汝坤毁容。

2011年9月17日晚，因多次追求周岩不成，陶汝坤为了报复来到周岩家中，将事先准备的灌在雪碧瓶中的燃油泼在她身上并点燃，致其面部、颈部等多处烧伤。惨剧发生后，周岩在接受安徽媒体采访时表示，在校期间，陶对其进行追求，但她一直不愿意，陶以逼迫、威胁等手段强迫周跟他在一起，她跟老师与家长反映都没有任何效果。

看到此时惨遭毁容的可怜女孩周岩，人们在谴责陶汝坤的同时，也开始反思如何避免类似悲剧的再次发生。到底是什么样的深仇大恨，让陶汝坤这样对待一个跟自己同龄的花季少女？真相曝光之时，不禁让人大跌眼镜。

是啊，这样的一位花季少女，正值人生最美丽的时刻，还有大好的青春需要她去享受，其花容月貌却被疯狂的、变态的追求者毁坏。对于周岩来说，生命似乎已经看不到曙光。对作恶者多重的惩处也不能减轻她现在的痛苦。

在日常生活中，我们也许会遇到这样的疯狂追求者：他会经常去你所在的教室骚扰你，在你通过走廊的时候趁机拦截你，甚至夸张到一路紧追至女厕所，他还会每天都给你写一封情书，通过别人打听到你家的电话号码，有事没事就打电话到你家里去，恐怖的是他还会开摩托车跟踪你回家，从而知道你的家庭住址。

那么，我们究竟该怎么做，才能在拒绝疯狂追求者的同时不受伤害呢？由于女性一般都心地比较善良，所以她们在拒绝追求者求爱的时候，往往不会直接拒绝，觉得那样容易伤害对方。一旦你态度不坚决，心软了，一切就前功尽弃了，甚至会让他觉得你是在给他机会，进而以为你喜欢他。

对于那些疯狂追求者而言，女同胞可通过一些暗示行为和语言，或通过第三方来拒绝。但是，对于那些较为执着的追求者而言，这些暗示一般很难产生预想的效果，这时候，你就应该明示对方以打消其继续追求的念头，阻止追求行动。

但是，很多事情往往不会朝着你期待的方向发展，比如一些女生收了追求者的花后丢掉，以为这就是拒绝，但对方反而会认为收了是愿意给他机会。明示和暗示都无效时，你一定要尽量回避对方，万一不得已接触，一定要在公共场合。就算是想约对方讲清楚，也要约在公共场所，最好找朋友陪同，这样可多一重人身保障。

如果还是没有效果，你就坚持不跟他讲一句话，他给你写的情书也不要回，他向你家里打电话也不要接，如果他路上追堵你，你也要像没事人似的不理他。如果他甚至疯狂到让朋友告诉你他发生了意外，想要见你一面，你也不能心软。只有这样，随

愿你的生活既有善良，又有锋芒

着时间的推移，慢慢地，那个疯狂的追求者就会放弃了。有时候，由于工作的关系，我们会与形形色色的客户打交道，而有的客户就会打着合作的旗号，对你展开追求。

如果有个人疯狂地追求你，他会每天都拿着一束花在公司门口等你，看到你下班从公司出来，就殷勤地献上早已经准备好的鲜花。即使你斩钉截铁地当面拒绝该客户的追求，但疯狂的追求者不会因为尊重女性的意愿而适时地结束，而是死缠烂打，永不妥协。如果你通过自己的说辞无法让这位疯狂的追求者放弃，那么你可以试着打听追求者的家庭情况，要追求者的父母阻止他对自己的骚扰。

即使这样，追求者还是隔三岔五地出现在你公司的门口，你实在是不堪其扰，那你只能做出最后一个选择，下决心辞了自己的工作，让追求者无法再找到自己。面对疯狂求爱，其实还有一种最简单而又最可行的办法，那就是我们刚开始谈到的：可以编造一个美丽的谎言来拒爱。记得那句话："我结婚了，你不知道吗？"

为了自己的幸福，就要懂得对不喜欢的人说不，虽然这会带来一些不快，但是也姑且把这看做捍卫自己幸福所必须付出的代价吧。

第六章
太谦虚也是错，是金子就要放出光芒

会适当表现的人才会被重用

千万不要让自己湮没在人群中，或者躲在被人们遗忘的角落里。站出来吧！不惜一切代价也要让自己闪耀夺目。把你自己培养得比那些乏味的人和胆小的人看上去更加大气、更加光彩照人，然后出现在众人面前，像磁铁一样吸引各方的注意。

有一匹千里马，身材非常瘦小。它混在众多马匹之中，默默无闻，主人不知道它有与众不同的奔跑能力，它也不屑于表现，它坚信伯乐会发现它的过人之处，改变它被埋没的命运。

有一天，它真的遇到了伯乐。这位"救星"径直来到千里马跟前，拍了拍马背，要它跑跑看。千里马激动的心情像被泼了盆冷水，它想：真正的伯乐应该一眼就会相中我啊！他为什么不相信我，还要我跑给他看呢？这个人一定是冒牌货！千里马傲慢地摇了摇头。伯乐感到很奇怪，但时间有限，来不及多做考察，只得失望地离开了。

又过了许多年，千里马还是没有遇到它心中的伯乐。它已经不再年轻，体力越来越差，主人见它没什么用，就把它杀掉了。

千里马在死前的一刹那还在哀叹，不明白世人为什么要这么对待它。

　　故事中千里马的一生非常悲惨，它"怀才不遇"，终年混迹于平庸之辈中，普通人看不出它的不凡之处，伯乐也错过了它。但是，造成这种悲剧的是谁呢？是它的主人吗？是伯乐吗？都不是。千里马应该反省自身，假如它能够抓住机遇，勇敢地站出来，表现出自己的与众不同，假如它能在伯乐面前不顾一切地奔跑起来，用速度与激情证明自己的实力，恐怕它早就可以离开自己那个狭窄的生存空间，到属于自己的广阔天地中施展抱负，做出一番大事业了。

　　中华民族是一个富有谦逊精神的民族。我们总是满怀希望地等着，等着伯乐发现我们，提拔我们。只可惜千里马常有，而伯乐不常有。并不是所有领导、上司都独具慧眼，会将机会拱手送上。在你做白日梦的时候，别的千里马，甚至是"九百里马""八百里马"早就迎风疾驰，令众人

瞩目，获得展示自己的舞台了。

一切靠你自己主动，美好的东西不会主动跑到你面前来，就算天上掉下馅饼，也要你主动去捡，而且你还必须比别人快一步。金子如果被埋在土里就永远不会闪光，要闪光只有两种可能：一种是侥幸被矿工发现，而这种可能性几乎为零；另外一种是通过自己的力量破土而出。

有实力还要会展现。一个人要想获得成功，就必须善于展现自己。一个有才干的人能不能得到重用，很大程度上取决于他能否在适当的场合展现自己的本领，让他人全面认识自己。如果你身怀绝技，却藏而不露，他人就无法了解，到头来也只能是空怀壮志、怀才不遇了。而那些善于展现自我的人总是不甘寂寞，喜欢在人生舞台上唱主角，寻找机会展现自己，让更多的人认识自己，让"伯乐"选择自己，使自己的才干得到充分发挥。

若想成功，不仅要拥有雄厚的实力，还要会表现自己，这样才有机会脱颖而出。绝大多数人都有自己的理想和目标，但人生的第一步必须是学会展现自己，为自己创造机会。

聪明的人会在蛋糕上裱花

中国台湾作家黄明坚有一个形象的比喻："做完蛋糕要记得裱花。有很多做好的蛋糕，因为看起来不够漂亮，所以卖不出去。但是在上面涂满奶油，裱上美丽的花朵，人们自然就会喜欢来买。"做完蛋糕，裱上美丽的奶油花朵，自然就赢得了人们的青睐。作为员工不忘随时向老板报告自己的工作，就是在自己做的蛋糕上裱花，让老板为你喝彩。

有的员工在工作上完全称得上尽职尽责，他的稳重和勤奋在部门里是有目共睹的。有时他会为了核对一组数据，不惜连夜加班，将白天做的工作重新捋一遍，以确保准确无误。然而在部门之外，部门经理以上，就没有人知道他到底花了多少心思，做了多少额外的工作。

相反，有的人，论业务熟悉程度不如前者，但工作的积极性很高，不仅虚心向他人请教，而且经常就工作中一些可改进的地方向上级提出合理化建议。在工作空闲阶段，只要看到其他同事忙得不亦乐乎，就会主动伸出援手；或者会自觉找到领导，要求承担额外工作。此外，如果有可能，他还会定期向部门经理汇报最近一段时间工作上的收获和困惑，这样一方面有助于更好地开展工作，另一方面也能使领导了解他的实际情况。

如果老板看不到自己的工作成绩，确实是件相当郁闷的事情。但总体说来，职场中人的表现也是各不相同的。有的人非常自信，认为只要自己努力工作总有一天老板会明白；有的人选择随遇而安，并不是很介意；有的人则比较消极，甚至有了破罐子破摔的想法。

那么，在老板迟迟未能看到你的成绩时，该怎么办呢？如何让他看到你所做的？如何让他关注你呢？

在老板迟迟未能看到自己的成绩时，你可能会选择跳槽，你也可能抱着"是金子总会发光的"的信念继续积极工作，可只有真正聪明的人才会主动寻求良机与老板沟通，在恰当的时候呈上你的"捷报"。

在蛋糕上裱花是指作为下属的你在埋头苦干的同时，不要做个"闷葫芦"，像徐庶进曹营时一样一言不发。要知道老板只能看到你上班时间的工作表现，却看不到你为了更好地完成某项任务而加班加点工作的身影。

有些人只顾埋头工作，与老板的交流很少。自己为了完成这项任务加班加点、费劲流汗、花费时间等，如果你不主动向老板说明，不在老板面前提起，就有可能得不到应有的认可。所以，不但要会干，还要会说，要采取巧妙的方法让老板知道你背后付出的努力和艰辛，也让老板感到你的确是一个勤奋敬业的好下属。

是金子就要让自己发光

表现欲是人们有意识地向他人展示自己才能、学识、成就的欲望。对于我们来说，增强自己积极表现的欲望尤为重要。实践证明，积极表现的欲望是一种促人奋进的内在动力。谁拥有它，谁就会争得更多发展自己的机会，从而接近成功的彼岸。

然而在现实生活中，有一些人并不这样看问题，他们对表现欲存有偏见，以为那是"出风头"，是不稳重、不成熟。所以他们不喜欢在大庭广众下表现自己，仅满足于埋头苦干、默默无闻。也有一些很有才华、见解的人，缺乏当众展示自己的勇气，遇事紧张胆怯，每每退避三舍。这样一来，他们不但失掉了很多机会，而且给人留下了平庸无能、无所作为的印象，自然得不到好评和重用。这些现象告诉我们，表现欲不足无疑是一种缺憾，积极的表现欲应该成为现代人必备的心理素质。

有一家大型企业到某高校招聘人才，毕业生们非常踊跃，偌大的礼堂座无虚席。首先，人事主管针对集团概况、发展简史、招聘岗位与要求等一一做了介绍。这家企业在国内久负盛名，这次招聘开出的条件也相当优厚，未来发展前景非常良好，不少毕业生都很动心，在台下认真地做了记录。一旁的总经理突然说道："哪位同学觉得自己能够胜任这份工作，可以现在就做个自我介绍。"立刻，会场变得鸦雀无声，众目睽睽之下，谁也不想"出风头"。何况万一人家觉得自己不合适，不是白白丢脸了。

总经理非常惊讶，在这些青年人身上竟看不到一点"初生牛犊不怕虎"的闯劲。失望之际，一个男生从后排站起来，他的脸涨得通红，看上去非常紧张，他结结巴巴地说："您……您好。我是……管理学院……管……管……""管"了半天，周围的同学开始窃笑。总经理温和地说："没关系，你先放松一下，再介绍一次。"他腼腆地笑了笑，停了一会儿，这才开口说道："对不起，我太紧张了。我是管理学院工商管理系的学生，我觉得自己可以胜任这份工作。贵公司是一家实力雄厚的企业，如果能够得到这个机会，我一定会发挥所学，尽我最大努力做好工作。"

总经理点点头，示意他坐下。他拿过麦克风，对台下说："我不了解这位同学的详细情况，但我可以告诉他，他被录取了。他身上有你们很多人缺少的东西，就是勇气。在机遇到来时，大胆表现自己，这就是勇气。年轻人不能没有勇气啊，我们的企业就需要这种积极向上、无所畏惧的青春力量。"

台下的窃笑早就止住了，大家都陷入了深深的思索，而更多的人则是懊悔：为什么自己没能站起来展示一下呢？与其说是人家幸运，不如多从自己身上找问题。

一个人若想获得成功，必须善于表现自己。表现自己是一种才华、一种艺术，因为当你学会了推销自己，你几乎可以推销任何有价值的东西。有人具有这项才华，有人就不这么幸运了。

自我表现能够让人变得自信，让人充满激情和力量，给人机会，让人成功。

善于表现自我的人参与意识和竞争观念都比较强，他们能以积极的心态对待自己，把当众表现当成乐趣和机会，主动地寻找表现的场合，甚至敢与强手公开竞争。所以，他们就比一般人多了参与实践的机会。比如，在会议上发言，表现欲强的人常常主动发言，谈自己的见解。如此不断实践，他们的思想水平和口才就会得到锻炼，得到提高。

他们通常都注意塑造自我形象，有较高的追求。他们为了塑造良好的形象，必然以此为动力，努力学习，勤奋工作，不断充实自己，使自己获得真才实学。

一个有才干的人能不能得到重用，很大程度上取决于他能否在适当场合展示自己的本领，让他人认识自己。

勇敢地把自己推销出去

　　自我表现的目的是为了成功地把自己推销出去。人生有许多机会是要靠自己去争取的。如果你有能力，就应该自告奋勇地去争取那些许多人无法胜任的任务，你的毛遂自荐正好显示了你的存在，你成功的机会也将会大大增加。

　　要想使别人接纳自己并重用自己，你必须使出全部招数，竭尽全力去游说，同时必须有创意，给对方留下深刻的印象，因佩服你而接纳你。

　　推销是一种才华，需要有个人的风格；没有风格，你只是芸芸众生中的一个而已。推销自己也是一种艺术。学会了这门艺术，人们才可以安身立命，才能抓住机遇使自己处于不败之地。自我推销需要把握以下几个原则：

　　1. 先评估自己的能力，看是不是把自己高估了。自己评估自己不客观，你可找朋友或较熟的同事替你分析，如果别人的评估比你自己的评估低，那么你要虚心接受。

　　2. 检讨为何自己的能力无法施展。是一时没有恰当的机会？是大环境的限制？还是人的因素？如果是机会问题，那只好继续等待；如果是大环境的缘故，那只好辞职；如果是人的因素，那么可诚恳沟通，并想想如何才能使沟通更通畅。

3. 适时展现出其他专长。有时"怀才不遇"是因为用错了专长，如果你有第二专长，那可以要求上面给你机会试试看，说不定可以就此打通一条新的发展之路。

4. 营造更和谐的人际关系。不要成为别人躲避的对象，而是应该以你的才干协助其他的同事；但要记住，帮助别人切不可居功，否则会吓跑了你的同事。另外，谦虚客气，广结善缘，也将为你带来意想不到的收获。

5. 继续强化你的才干。当时机成熟时，你的才干就会为你带来耀眼的光芒！

6. 自我警觉，说话流利，适当地表示友善。

7. 推销自己时绝不可表现出很害怕的样子。你一定要看起来很有信心。最重要的是，你要认为自己有资格担任那项职务，如果你被雇佣的话，你会做得很好。

8. 当你在推销自己的时候，别担心做错事，但一定要从错误中吸取教训。

擦亮慧眼，做晋升路上的"机会主义者"

对于职场中期待晋升的人士而言，最大的苦恼在于得不到晋升的机会。其实机会不是靠等待就能得到的，常常听到人们感叹机会难得，有些时候机会也要靠有心人主动制造。同时，机会一旦出现就要牢牢抓住，没有抓住的永远都不能叫作机会。

机会是制胜的关键，但机会都是随机到来的，它总是垂青于有准备的头脑。机会瞬间即逝，我们要善于抓住机会，成就自己的人生，因为机不可失，时不再来。

纽约的基姆·瑞德先生原先从事过沉船寻宝工作，在遭遇那只高尔夫球前，他的日子过得很平凡。

一天，他偶然看到一只高尔夫球因为打球者动作的失误而掉进湖水中，霎时，他仿佛看到了一个机会。他穿戴好潜水工具，跳进了朗伍德"洛岭"高尔夫球场的湖中。在湖底，他惊讶地看到成千上万只高尔夫球，白茫茫的一片。这些球大部分都跟新的没什么差别。

球场经理知道后，答应以10美分一只的价钱收购。他这一天捞了2000多只，得到的钱相当于他一周的薪水。干到后来，他把球捞出湖面后，带回家让雇工洗净、重新喷漆，然后包装，按新

愿你的生活既有善良，又有锋芒

球价格的一半出售。再后来，其他的潜水员闻风而动，从事这项工作的潜水员多了起来，瑞德干脆从他们手中收购这些旧球，每只8美分。每天都有8万至10万只这样的旧高尔夫球被运送到他设在奥兰多的公司。

对于掉入湖中的高尔夫球，别人看到的是失败和沮丧，而瑞德却说："我主要是从别人的失误中获得机遇的。"瑞德对机会的把握是很准确的，别人打高尔夫球，失误在所难免，而瑞德却把这看成自己的机会，利用它来赚钱。当别人都发现这个机会的时候，瑞德却另辟蹊径，从潜水员手里收购高尔夫球，终于成了一代富翁。

很多人都可能会发现高尔夫球落水的情况，却没有人把这当成一个机会去把握，因为他们没有一个有准备的头脑。在人生中，我们不能等待，要积极寻找并抓住机会，一时的等待可能会造成一生的遗憾。

要抓住机会，首先要拥有一双能发现机会的眼睛。我们应学会慧眼识机会，如果对机会之神的来访一无所知，与之失之交臂，终将悔之。俗话说："在通往失败的路上处处是错失了的机会。"

人们常说"打江山容易守江山难"，那么用于机会就是"发现机会容易，抓住机会难"。机遇伴随时间而来，也伴随时间而去，它和时间一样来去匆匆。如果你不牢牢地将它抓住，它就会和时间一起从你的指间滑落，留给你的将只是无尽的怅惘和遗憾。因此，职场中的你应该擦亮眼睛，看准时机，主动把握时机，必要时创造机遇，做一个实实在在的"投机分子"，牢牢地将机遇抓在手里，一刻也不放松。

晋升：早"下手"为强

现实生活中，每个人都规划了自己的职业之路，都希望自己的职业生涯一片光明。每个人在规划自己的职业生涯时，都需要考虑多方面的因素，而这些因素都将成为你晋升路上的"粮食"，只有早"下手"，晋升之梦才能早日实现。

作为职场人士，你可以享受到的待遇除了薪资外，还有各种福利，也就是工作的附加价值。或许你认为目前公司所支付的薪金根本不足以匹配你的身价，你也另有打算，想换个高薪的工作，但切记要三思而行，若仅有高薪而缺少应有的福利，比如公司不愿支付额外的生产补贴或是假期补助，劝你还是打消此念头。你要时刻为升职加薪做准备，因为天上不会掉馅饼，只有不断地寻找和创造机会才能达到升职的目的。常言说得好，"不打无准备之仗"，机会总是留给有准备的聪明人。

1. 做好身体方面的准备。要有良好的精神状态和健康状

愿你的生活既有善良，又有锋芒

况。首先要有精神，整天无精打采的员工是得不到机会的。其次要有健康的体魄。俗话说："身体是革命的本钱。"如果没有这个本钱，再好的机会也将从你身边溜走。不论你多么有才干，老板都不敢将重任托付给你，因为超强度的工作需要健康的体魄。另外，要保持强健的体魄，就要有充足的睡眠、适当的运动和均衡的营养，这三个要素缺一不可。要坚持每年体检一次，及时发现潜在病情，防患于未然。要坚持锻炼身体，生命在于运动，这个道理人人都知道，但真正要做到就必须有恒心和毅力。

2. 发挥各方面的才能。专心投入工作是获得领导赏识的主要条件，但除了做好本职工作外，也要让领导知道，你还具有其他方面的才能。在其他同事放大假时，你可以主动提出替同事处理事情。这样做，一则可以从中学到更多的东西，二则证明你对公司有归属感。

3. 做诚实的人。老板最担心的是用错人。如果用一个只知道追求私利的人，就会给公司带来负面影响，因此，应让老板知道，你并不是追逐名利的自私之辈。你之所以要得到这个职位，是为了实现自己的理想，为公司谋求更高的利益，所以无论成败与否，你都要表现出大将风度，不以一时成败论英雄，将眼光放长远一些，为下一个更好的晋升机会做准备。

当然，如果你是一个积极进取和自信的人，在一个理想的环境之下，遇到公司有职位的空缺，如果你对这个职位有兴趣的

话，不妨按照以下的建议来做。

1. 了解该职位谁有资格胜任。所谓知己知彼，百战百胜。虽然了解别人并不一定能让自己胜出，但是至少你能由此知道，需要拥有什么条件才能获得晋升，从而为自己晋升做好准备、打下基础。

2. 不妨让领导知道，你对该职位有兴趣，而且展现出自己的能力，证明你有足够的资格胜任那个职位。实际上，不少领导为了选择合适的人大伤脑筋，而你这样做是在给他解决难题。正如毛遂自荐，你也需要具备一定的自我推销能力。

3. 在平时要多为公司做贡献，而不是考虑晋升后能得到什么好处，这一点很重要。领导最讨厌一味追求私利的人，他们觉得这种人过于自我钻营，实际上是华而不实，没有多少能力。假如把这种人提升到较高位置的话，就对公司的发展不利。因此，你应该让领导知道你是有很强的事业心和责任感，让他知道你之所以想得到较高职位，是为公司的前途和利益着想，是为了实现自己的人生目标。

代理的机会，就是升职的机会

在职场中，每一个员工都想升职加薪。但现实是，并不是每一个人都有升职加薪的机会。这时候，如果你能抓住代理的机会，那么千万不要轻易放弃。

吉姆原本是一位普通的银行职员，后来受聘于一家汽车公司。工作了六个月之后，他想试试自己是否有提升的机会，于是直接写信向老板毛遂自荐。老板给他的答复是："现任命你代理监督新厂机器设备的安装工作，但不保证加薪，也不保证几个月后一定提升你。"

吉姆没有受过任何工程方面的训练，甚至连图纸都看不懂，但是，他没有放弃这个机会。他发愤图强，废寝忘食，每天工作十几个小时，最后终于完成了安装工作，并且提前了一个星期。结果，他不仅获得了提升，薪水也增加了10倍。

"我知道你看不懂图纸。"老板后来对他说，"你完全可以随便找一个理由推掉这份工作，但结果就是你失去升职加薪的机会。"

试想，如果当时吉姆害怕困难，拒绝这个代理的机会，那么他或许会永远错失升职的机会。所以，吉姆的经历告诉我们：要升职，就要主动争取，更多的时候，机会是我们自己争取来的。

抓住一切可以做代理的机会，千万不要在做代理的过程中轻易放弃，这样受损的只能是你自己。

如果你想要在职场上有所发展，也不妨留意一下自己身边的代理机会。代理是一种临时性的工作安排，目的是让工作可以顺利开展。通常情况下，代理工作可以让别人有机会评断你是否有能力担负这样的工作。而对于老板来说，如果怕提拔一个人引起其他人的反对，不妨让他先代理一段时间。虽然大家知道代理的目的，但只要大家有异议，上司就会用"这不过是一种临时性的工作安排"来解释，久而久之，其他人就会慢慢接受这样的状况。

当某个工作岗位空缺时，代理是一种权宜之计，也可能是一种过渡的方法。其实安排了代理，也并不意味着上司将来一定会把职位交给这个代理人。就像《潜伏》里面，吴敬中也没有打算直接让陆桥山升为副站长，他还想多观察一段时间。

但是无论如何，代理是一种妙用无穷的良方。当你资历或者才能并不出众时，通过代理某个职位，你可以不断学习和积累经验。虽然只是代理，但如果你能够利用这个机会做好工作，那么也就告诉了你的上司和同事，你有能力出任这一职位。这也就为你的"转正"打下了坚实的基础。因此，千万不要错过任何一个做代理的机会。

有时候上司不在，又有紧急的事情要处理，你可以主动承担起来，在权责允许的范围内把事情办好。也许下一次，上司就会把这样的事情交给你做。有时候甚至只是接听一个电话，都有可能让别人改变对你的印象。

勇于向领导"秀"出自己，别让自己的努力白费

"老实做人，踏实做事"固然重要，但也要懂得表现，在做好本职工作的同时也要让领导注意到自己，别让自己被忽视。

没有升迁的机会，应该问问自己：有没有做过什么特别的工作给老板留下深刻的印象？有没有说过令老板都吃惊的话？如果没有的话，那就不用抱怨什么了，因为你从来就不敢在老板面前展现自己与众不同的一面。如果你善于抓住时机，在上司面前表现自己，情况也许就不一样了。

不想当将军的士兵，不是好士兵。要想出人头地，首先要让领导注意你，而后才有可能重视你。所以，你一定要选择合适的时机"秀"出自己。只有敢"秀"，才会成功。

但是在展示自己的时候，要把握好原则，具体如下：

1. 展示要以对方为导向

在展示自己的时候，注重的应该是对方的需要和感受，并根据他们的需要和感受说服对方，让对方接受。某重点高校的学生琳琳，个性外向，多才多艺。她听说一家知名刊物招聘记者，便立即前去面试。谁知由于准备不足，对该刊物缺乏了解，她回答问题时张口结舌。尽管她成绩很好，也很聪明能干，却没能赢得

总编的好感。琳琳的自我表现因为导向错误而归于失败。

2. 不要害怕失败

假如你针对对方的需要和感受仍吸引不了对方，没能被对方所接受的话，你就应该重新考虑自己的选择，但是不要因为一次失败，便失去了自我表现的勇气。你应该调整的是你的期望值，而不是自我表现的态度和决心。

3. 掌握一些方法

人们通过面谈可以取得展示自己、打动对方、达成协议、交流信息、消除误会等功效。自我表现时，应依据面谈的对象、内容做好准备工作；语言表达自如，要大胆说话，克服心理障碍；掌握适当的时机，包括摸清情况、观察表情、分析心理、随机应变等。

4. 要有自己的特色

秀出自己，必须先从引起别人的注意开始。如果别人不在意你的存在，那就谈不上表现自己。那么，如何引起别人的注意呢？关键是要有自己的特色。这里所谓的特色，就是你个人的风格、优点。那些有别于旁人的，不流于世俗的东西，你尽可以大胆地展现出来，定会令人眼前一亮。

5. 应知难而退

在表现自我时，如果发现时机不对或者对方无兴趣，就要

"三十六计，走为上策"。这时候，表现要冷静，不卑不亢地表明态度，或者自己找个台阶下，会给人留下明理的印象。

表现自己是一种才华、一种艺术。有了这项才华，你就能一马当先了。如果你想在职场中获得成功，就必须善于表现自己。

别不好意思自卖自夸

除了睡觉，工作是我们人生中花费时间最多的事情。因此，拥有一份喜欢的工作，可谓人生一大乐事。那么，如何判断一份工作是不是你所喜爱的呢？有一个最简单的评判标准，就是看你好不好意思告诉别人你的工作内容。

一般情况下，不好意思告诉别人自己的工作内容的人，有两种心理因素：一种是对自己现在的工作不满意，不好意思说出口；另一种是自己正在创业阶段，在成功之前不想公之于众。但是，这两种不好意思其实有一个共同之处，就是对自己不自信，害怕受到别人的嘲笑，所以不敢说出来，也就没法得到别人的帮助。

有句俗语叫"王婆卖瓜，自卖自夸"，其实这就在某一方面符合了营销学上的一个概念，叫"口碑营销"。企业努力使消费者通过亲朋好友之间的交流将自己的产品信息、品牌概念

愿你的生活既有善良，又有锋芒

传播开来，也就是说达到口口相传的效果，这种营销方式被奉为最成功的营销模式，因为这样成功率高、可信度强。想象一下，你走在路上，一个人夸自己的西瓜好吃，另一个人什么也不说，你会买哪一个人的西瓜？所以，王婆可谓是口碑营销第一人了。

除此以外，还有一种方式在互联网上应用较为普遍，比如现在所有电子商务网站都应用的一项功能叫"商品评价"，经常网购的朋友应该知道，你是否会敲定一个订单，有很大的因素是你会参考这一订单产品其他消费者的使用体验和商品评价。同样，商家非常在意这些评价，竭尽全力地以五星的服务态度来赚取好评。

因此，人们都强烈地意识到了口碑和宣传的力量。中国有句老话叫："好事不出门，坏事传千里。"好评如潮也有可能因为一个差评而功亏一篑。也许有些人觉得企业要靠经营产品赚钱，自然要格外注意口碑的经营。或者有些成功人士、公众人物，为大家所熟知，才需要注意自己的形象和口碑，作为普通人，不需要注意这些。

这种想法是大错特错的。这仿佛回归到了一个原始的逻辑问题，是先有鸡还是先有蛋。是先有广告才塑造的品牌，还是先有品牌才需要去打广告。事实上，是靠口碑塑造了形象，还是靠形象形成的口碑，这两者是同时存在，相辅相成的。

因为一个人的口碑时时刻刻地渗透在自己的一言一行中。

一家企业的总经理要招聘一名助理，信息发出后，有许多年轻人前来面试。这些人中不乏曾在世界500强企业任职的经验丰富的精英，也不乏成绩过硬的优秀毕业生。但最后，总经理录用了一个成绩平平且没有经验的年轻人。行政主管不解，请教总经理为何偏偏选中这个人。

总经理说："你有没有注意到，他在进门前，在门口蹭掉了脚下的土，进门后随手关上了门，这说明他做事小心仔细；当他看到有位残疾青年也来应聘时，立即起身让座，表明他心地善良、体贴别人；进了办公室他先脱去帽子，回答我提出的问题时干脆果断，证明他既懂礼貌又有教养。在应聘者的座位旁边我故意扔了一团纸，其他人都坐在那里熟视无睹，只有他看见后当即捡起来扔进了垃圾筐，这说明他积极主动。和他交谈时，我发现他衣着整洁，头发整齐，指甲干净。我想这些要比简历上的一条条醒目的任职经历更吸引我。"

一个人的一言一行，都在证明着自己的文化修养、性格品性和做事习惯，这些比书面上的华丽词语更有说服力。久而久之，便形成了自己的品牌，如一个有涵养的人，一个做事认真负责的人，一个值得信任、善良阳光的人等。不同的人会向你展示不同的品牌标签，每次当人们想到他，便会在这个标签基础上与他交往。

如果一个人从他人口中得知你是一个值得信任、善良的人，他会很愿意快速地跟你成为朋友。如果大家都认为你是做事认真负责的人，企业领导也会在第一时间将你作为升职人选。他人给予你贴上什么样的标签，生活就会给予你什么样的回报。

反之亦然。对言行举止的不注意，造成的形象损坏效应非常严重。心理学上认为，一旦一个人在别人心里留下了不好的印象，在后期想改变就非常困难了，这就和我们买东西上了当以后就不信任这个品牌是一个道理。

那么，我们如何才能建立一个良好的个人品牌呢？

首先，随时注意自己的言行，不要出言不逊。

俗话说：冲动是魔鬼。出言不逊从未给任何人带来过任何好处，因为那是外强中干的表现。没有人会因此而更强大、更富有、更快乐或更聪明。这让教养良好的人反感、厌恶。

衡量一个人的力量，必须要看他能在多大程度上克制自己的情感，而不是看他发怒时爆发出来的威力。我们是否见过一个人受到凌辱后，只是脸色稍微有些苍白，就立刻平静下来？是否见过一个人陷入极度的痛苦后，仍然像石雕一样挺立着，稳稳地控制着自己？是否见过一个人每天忍受敌人的审讯，却始终保持沉默，没有透露一丁点情报？这才是真正的力量。

拥有强烈感情却始终冷静的人、遭到挑衅却仍然能控制自己并宽恕别人的人，才是真正的强者，精神上的英雄。

社会学中有"符号学"一说，可以说，在后现代社会，个人的特征尤其明显。在现在这个快节奏的社会，每个人都会被贴上特定的标签。如果让自己输在了品牌上，那就未免太得不偿失了。然而，别忘了，树立品牌的最关键因素，就是先让别人了解自己的品牌。不要觉得自己现在做的事情微不足道就不好意思公之于众。只有你先说出去，才有可能接受市场的检验，也许还能获得意想不到的帮助。

愿你的生活既有善良，又有锋芒

第七章
有魅力的善良，才能让人生闪亮

巧说第一句话，陌生人也能一见如故

与陌生人打交道，说好第一句话，就会给对方留下好印象，从而带动对方的谈话欲望，这样就能打开对方的话匣子，谈话便会自然而然地顺利进行下去。

与陌生人打交道，谁都会存有一定的戒心，这是初次交往的一种障碍。而初次交往的成败，关键要看如何冲破这道障碍。如果你说的第一句话就吸引了对方，或是提到了你们的对方比较了解的事，那么，你们的第一次谈话就不仅仅是形式上的客套了。如果处理得巧妙，双方会因此打成一片，变得容易相处了。

比如，在一个严冬的夜晚，你与一位陌生人见面，"今晚好冷"这句话自然会成为你们之间所使用的开场白。单纯地使用它，虽然也能彼此引出一些话来，但难以进行再深一步的交

140

愿你的生活既有善良，又有锋芒

谈。你可以这样说："哦，今晚好冷！像我这种在南方长大的人，尽管在这里住了几年，但对这种天气还是难以适应。"如果对方也是在南方长大的，就会引起共鸣，接着你的话头说出一些有关的事。如果对方是在北方长大的，他也会因为你在谈话中提到了自己的故乡在南方，而对你的一些情况产生兴趣，有了想进一步了解你的欲望，这样就可以把交谈引向深入。而且把自我介绍与谈话的内容有机地结合，也不会令人觉得牵强。双方在不知不觉之中，就放弃了戒备的心理，从而产生了"亲切感"。

有的人采用一种很自然的、叙述性的开头方式，也能给人一种亲切感，同时还能让人有兴趣继续向他询问一些细节。

说第一句话的原则是：亲热、贴心、消除陌生感。总结起来常见的有三种方式：

1. 攀认式

赤壁之战中，鲁肃见到诸葛亮后说的第一句话是："我，子瑜友也。"子瑜，就是诸葛亮的哥哥诸葛瑾，他是鲁肃

的挚友。短短的一句话就说明了鲁肃跟诸葛亮之间的交情。其实，任何两个人，只要细心留意，就不难发现他们之间有着这样那样的或亲或友的关系。

例如，"你是××大学毕业生，我曾在××大学进修过两年。说起来，我们还是校友呢！""您来自苏州，我出生在无锡，两地近在咫尺，今天得遇同乡，令人欣慰！"

2. 敬慕式

对初次见面者表示敬重、仰慕，这是热情有礼的表现。使用这种方式必须注意：要掌握分寸，恰到好处，不能胡乱吹捧，不要说"久闻大名""如雷贯耳"之类的过头话。表示敬慕的内容也应该因时因地而异。

例如，"您的大作《教你能说会道》我读过多遍，受益匪浅。想不到今天竟能在这里一睹作者风采！""桂林山水甲天下。我很高兴能在这里见到您这位著名的山水画家！"

3. 问候式

"您好"是向对方问候致意的常用语。如能因对象、时间的不同而使用不同的问候语，效果则更好。对德高望重的长者，宜说"您老人家好"，以示敬意；对年龄跟自己相仿者，称"老×（姓），您好"，显得亲切；如果对方是医生、教师，说"李医生，您好""王老师，您好"，有尊重意味。节日期间，说"节日好""新年好"，给人以祝贺之感；早晨说"您早""早上好"则比"您好"更得体。

说好了第一句话，仅仅是良好的开端。要想谈得深入，谈得投机，你还得在谈话的过程中寻找新的共同感兴趣的话题，这样才能吸引对方，使谈话顺利地进行下去。

把握好开头的五分钟，攀谈就会自然而然

人们第一次相遇，需要用多少时间才能成为朋友？美国伦纳得·朱尼博士在所著的一本书中说："交际的点，就在于他们相互接触的第一个五分钟。"朱尼博士认为：人们接触的第一个五分钟主要是在交谈。在交谈中，你要对所接触的对象谈论的任何事都感兴趣。无论他从事什么职业，讲什么语言，以什么样的方式开头，对他说的话都要耐心倾听。如果你这样做了，你会觉得整个世界充满无比的情趣，你将交到无数的朋友。

而许多人同陌生人说话都会感到拘谨。建议你先考虑一个问题，为什么你跟老朋友谈话不会感到困难？很简单，因为你们相当熟悉。相互了解的人在一起，就会感到自在放松。而面对陌生人，充满陌生人的环境，有些人甚至怀有恐惧的心理。你要设法把陌生人当成老朋友，形成一种乐于与人交朋友的愿望，心里有

这种要求，才能有所行动。

以到一个陌生人家去拜访为例，如果有条件，首先应当对要拜访的客人做些了解，探知对方的一些情况，比如他的职业、兴趣、性格之类。

当你走进陌生人住所时，你可先看看墙上挂的是什么。国画？摄影作品？乐器？根据这些可以推断出主人的兴趣所在，甚至室内某些物品会牵引出一段故事。如果你把它当做一个线索，就可以由浅入深地了解主人内心的某个侧面。当你抓到一些线索后，就不难找到开场白。

如果你不是要见一个陌生人，而是要参加一个充满陌生人的聚会，观察也是必不可少的。你不妨先坐在一旁，耳听眼看，根据自己所了解的情况，确定自己将要接近的对象，一旦选定，不妨走上前去向他做自我介绍，特别对那些同你一样，在聚会中没有熟人的陌生者，你的主动行为是会受到欢迎的。

应当注意的是，有些人你虽然不喜欢，但必须学会与他们谈话。如果你对自己不感兴趣的人不瞥一眼，一句话都不说，恐怕也不是件好事。和自己不喜欢的人谈话时，第一要有礼貌；第二不要谈论涉及双方隐私的事，这是为了让双方保持适当的距离，一旦你打算和他进一步交往，就要设法一步一步缩小这种距离。

在你和某个陌生人谈话时，不妨先介绍自己，给对方一个了解你的线索，你不一定先介绍自己的姓名，因为这样人家可能会感到唐突。你不妨先说说自己的工作单位，也可问问对方的工作单位。一般情况，你先说说自己的情况，人家也会同样告诉你他的有关情况。

接着，你可以问一些有关他本人的并不秘密的问题。如果对方有一定的年纪，你可以问他子女在哪里读书，也可以问他所在单位的业务情况。对方谈了之后，你也应该顺便谈谈自己的相应情况，才能达到交流的目的。

和陌生人谈话，要比跟老朋友谈话更加留心，因为你对他所知有限，更应当重视已经得到的消息。此外，对于他的声调、眼神和回答问题的方式，都要揣摩一下，以决定下一步是否进行深入交流。

有人认为见面谈谈天气是无聊的事。其实，这要具体问题具体分析。如果一个人说"这几天的雨下得真好，否则田里的稻苗就要旱死了"，而另一个则说"这几天的雨下得真糟，我们的旅行计划全泡汤了"，你是不是可以从这两句话中分析出两人的兴趣、性格呢？

如遇到那种比你还胆怯的人，你更应该跟他先谈些无关紧要的事，让他心情放松，以激起他谈话的兴趣。和陌生人谈话的开场白结束之后，特别要注意话题的选择。那些容易引起争论的话题，要尽量避免。当你选择某种话题时，要特别留心对方的眼神和小动作，一发现对方表现出厌倦、冷淡的情绪，就应立即转换话题。

在与人聚会时，常常会碰到请教姓名的事。对方说出姓名之后，你要牢牢记住对方的姓名，并应立即用这个名字来称呼他。当你碰到一个可能已经忘记了姓名的人，你可以表示抱歉："对不起，不知怎么称呼您？"也可以说半句"您是……""我们好像……"，意思是想请对方主动补充回答，如果对方明白你的意图就会自然地接下去。

顺利地与陌生人攀谈，给人一个好印象，是结交朋友的第一步。勇敢地和陌生人攀谈吧，谁都可能成为你的朋友！

微笑，赢得他人好感的法宝

微笑是人际交往的通行证，是打开他人心门的钥匙。在与人交流中，主动报以微笑能迅速拉近彼此的距离，赢得他人好感。

飞机起飞前，一位乘客请求空姐给他倒一杯水服药。空姐很有礼貌地说："先生，为了您的安全，请稍等片刻，等飞机进入平稳飞行状态后，我会立刻把水给您送过来，好吗？"十五分钟后，飞机早已进入平稳的飞行状态，突然，乘客服务铃急促地响了起来，空姐猛然意识到：糟了，由于太忙，忘记给那位乘客倒水了。空姐来到客舱，看见按响服务铃的果然是

愿你的生活既有善良，又有锋芒

刚才那位乘客。她小心翼翼地把水送到那位乘客跟前，面带微笑地说："先生，实在对不起，由于我的疏忽，延误了您吃药的时间，我感到非常抱歉。"这位乘客抬起左手，指着手表说道："怎么回事？有你这样服务的吗？"无论她怎么解释，这位挑剔的乘客都不肯原谅她的疏忽。

在接下来的飞行途中，为了补偿自己的过失，每次去客舱为乘客服务时，空姐都会特意走到那位乘客面前，面带微笑地询问他是否需要帮助。然而，那位乘客余怒未消，始终摆出一副不合作的样子。

临到目的地前，那位乘客要求空姐把留言本给他送过去。很显然，他要投诉这名空姐。飞机安全降落，所有的乘客陆续离开，空姐紧张极了，以为这下完了。没想到，她打开留言本，却惊奇地发现，那位乘客在留言本上写下的并不是投诉内容，相反是一封热情洋溢的表扬信：

"在整个过程

中，你表现出的真诚的歉意，特别是你的十二次微笑，深深打动了我，使我最终决定将投诉信写成表扬信。你的服务质量很高，下次如果有机会，我还将乘坐你们的航班。"空姐看完信，激动得热泪盈眶。

在人际交往中，我们要赢得他人的好感，必须要学会微笑，像故事中的那位空姐一样，用自己迷人的微笑来赢得他人的好感。微笑就像温暖人们心田的阳光，没有一块冰不会被融化。要带着真心、诚心、善心、爱心、关心、平常心、宽容心去微笑，别人就会感受到你的心意，被你的真实感动。微笑可以让你摆脱窘境，化解别人的误会，可以体现你的自信和大度。

在现实生活中，微笑能化解一切冰冷的东西，让你轻易获得他人的好感。在人际交往中，不管是遇到什么困难，不管遇到多么尴尬的事情，都要常常提醒自己微笑面对，没有什么事情不能用微笑化解，只要你是真心的！

俗话说："伸手不打笑脸人。"微笑能够化解矛盾和尴尬，取得意想不到的效果。当别人取笑你时，用微笑还击他，笑他的无知；当别人愤怒时，用微笑融化他，让他知道自己是在无理取闹；当彼此发生误解，争执不休时，用微笑打破僵局，你会发现事情其实并没有你们想象的那么复杂和严重……

微笑是人际交往的通行证，没有一个人不喜欢和微笑的人打交道！

愿你的生活既有善良，又有锋芒

渲染氛围，增强自己的吸引力

生活中，无论是游戏，还是学习，大家总喜欢说："要有氛围！"没错，氛围真的很重要，尤其在与人交往的时候，如果渲染得当，可以大大增强你的吸引力。不信吗？那不妨来看一看下面的例子。

为了丰富学生的课余生活，某大学专门邀请一位著名教授举办了一个讲座，但由于临时改变地点，时间仓促，又来不及通知，结果到场的人很少。教授到了会场才发现只有十几个人参加。

他有点尴尬，但不讲又不行，于是他随机应变，说："会议的成功不在人多人少，中共第一次党代会只有12人参加，但意义非同小可。今天到会的都是精英，因此我更要把课讲好。"

这句话把大家逗得开怀大笑。大家这一笑，气氛活跃了，再加上教授讲课充满激情，那一次讲座非常成功。

人际交往就如同舞台上的演出，成功的演出不仅需要很好的台词、演技，还需要一种看不见、摸不着，却必不可少的东西——氛围。就像电影中要有背景音乐来渲染气氛。在人际交往的场合，也往往需要营造点氛围，成为交际的润滑剂，使交际能顺利地进行下去。

有一种生意人，他们在会议桌上非常严肃、非常理智，然而，一旦到了社交场合，却又放得很开，与人斗酒、唱卡拉OK、开各式各样的玩笑。这么做事实上也是为了营造交际气氛。

在日常生活中，个人的情绪是受多种因素影响的，如光线、气温、噪声以及卫生条件等都会左右我们的情绪，而这些情绪反应又影响到人际吸引力。实验研究证明了不同的音乐背景对人际吸引力有一定的影响。他们以女大学生为例，首先测定她们最喜欢和最不喜欢的音乐，然后请她们评定一些陌生男性的照片，在评定过程中播放不同的背景音乐作为衬托。结果发现，当用她们喜欢的音乐作为背景时，对照片中的人物评价较高；当用她们不喜欢的音乐作为评价背景时，对照片中的人物的评价往往较低。

个体的体验不仅受环境的影响，同时还受个人的知识、经验、个性等因素的影响，带有强烈的主观色彩。在人际交往中，我们的主观体验会影响我们对

愿你的生活既有善良，又有锋芒

别人的评价。当我们作为社交活动的组织者或主导方时，应当注意环境布置的细节问题，使客人们能在清洁舒适的场合中畅所欲言。同时，在具体的交往场合中，我们还要发挥理智的、能动的调节作用，尽量客观地评价交往对象，不要受环境氛围的困扰和影响。

在和谐、融洽的交际氛围中，在平等、自由等具有安全感的人际情境中，我们更愿意进行主动的交流与沟通。因而在人际交往时，我们要善于营造良好的交际氛围，以增加吸引力。

接触多一点，陌生自能变熟悉

俗话说："远亲不如近邻。"这是因为在生活中人们和自己的邻居总是"抬头不见低头见"，接触较多，而和自己的远亲一年里难得见上几回面，甚至几年也见不上一回面，接触较少。在危难时刻，更是"远水救不了近火"，因此，人们跟自己身边的"近邻"总是亲密有加，维持着良好的关系。

由此得之，在交际场上，要想迅速引起对方的注意，并进一步赢得对方的好感和信任，不妨选择做他的"近邻"，多和对方接触，缩短和对方之间的空间距离和心灵距离，从而拉近彼此的关系。

黎雪经营一家广告公司，她打听到国内一家知名企业打算为新产品做广告宣传，就努力争取这笔生意。但他们公司是家新公司，在业内没有什么名气，被拒绝了。

　　黎雪十分气馁，好友为了安慰她，特意邀请她前去自己的新居吃饭。到了楼下，她进了电梯，正要关电梯时，一个人急匆匆地赶了过来。黎雪不经意地看了那人一眼，暗暗惊喜。原来这人正是那家知名企业的宣传部主管，要是能和他说上话，还是有望赢得这次机会的。更巧的是，这位主管居然和好友住对门，黎雪不由得心生一计，主动和那位主管搭讪："你好，我是住在你家对门的黎雪，还请多多指教。"

　　随后，黎雪暂时住在了好友家里，经常制造电梯偶遇的机会。眼看时机成熟，黎雪选在某次那位主管单独进电梯时，刻意抱了一大堆的资料，急匆匆地跑进电梯。一不小心，资料掉了一地，都是黎雪公司精心制作的一些广告作品文本册。主管帮忙捡拾起来，并对这些广告作品十分感兴趣，打听是哪家广告公司的作品。黎雪一脸谦虚："这是我们公司的作品，做得不好，还请多多指教。"

　　不久，黎雪公司的广告策划案被那位主管推荐给公司，并最终被选中了。

　　黎雪多次制造偶遇，增加和那位主管的接触，才能借机毛遂自荐，赢得那笔生意。

　　在交际应酬中，要想赢得别人的好感和信任，就得让别人注

　　　　　　　愿你的生活既有善良，又有锋芒

意到你，在彼此频繁的接触中由陌生变熟识。一般来说，接触次数越多，心理上的距离越近，越容易建立友谊，赢得好人缘也指日可待。

无米难成炊，没话题找话题

俗话说"巧妇难为无米之炊"，没有话题，谈话就没有焦点。漫无目的的闲聊，没有实际意义，那陌生人终究还是陌生人。

和陌生人说话最尴尬的是找不到话题。怎样巧找话题呢？那就要从具体情况出发去考虑，如果彼此完全陌生尚未相识，那就要察言观色，以话试探，寻求共同点，抓住了共同点就找到了可谈的话题。如果是因为话不投机，气氛尴尬，那就要求同存异，或是检讨自己的不妥之处，表示歉意。如果对方有什么顾虑，或是沉默的原因不明，那就没话找话说，说个笑话，谈点趣闻，引起对方的兴趣。

从具体情况出发，可以采取下面的方法：

1. 你想了解什么就问什么，谈什么

与陌生人交谈，一般可以先提一些"投石"式的问题，在

对对方的关注点略有了解后再有目的地交谈，便能谈得较为自如。如在商业宴会上，见到陌生的邻座，便可先"投石"询问："您是主人的老同学呢，还是老同事？"无论问话的前半句对，还是后半句对，都可接着对方的回答交谈下去；如果问得都不对，对方回答说是"老乡"，那也可谈下去。假如是北京老乡，你可和他谈天安门、故宫、长城，谈北京的新变化；如果是福建老乡，你可与他谈荔枝、龙眼、橘子，谈沿海的水产等。

2. 围绕社会热点问题进行交谈

互相陌生的双方刚一接触，属于个人生活方面的事情不宜多谈，但可以针对时下人所共知的社会现象、热点问题谈谈看法。如果对方对这一问题还不太清楚，你可以简略地介绍一番。例如，近期影响较大的社会新闻、电影、电视剧和报刊文章等，都可以成为谈话的内容。

3. 从眼前和身边的具体事物上找话题

（1）从双方的工作内容上寻找。从事相同的职业容易引起共鸣，从事不同的职业则具有新奇感和吸引力。

（2）从彼此的经历中寻找。经历是学问，亲身经历过的人和事往往会给你留下极深的印象。这种交流最易让人敞开心扉，见到真情。

（3）从双方的发展方向上寻找。人生若没有前进的方向，生活便失去了动力。这类话题最易触动对方敏感的神经。尤其是异性，更热衷于此。

（4）关注家庭状况。家庭是社会的细胞，家庭生活的和谐是每个人的愿望。谈论这类话题不必做准备，随时都可以谈论，但有思想的人往往可以从中发现许多人生的哲理。

（5）关注子女教育。孩子是父母生活的希望，孩子的教育牵动亿万家长的心。怜子、爱子、望子成龙是家长的共同心理。谈及孩子，即使是性格内向的人，也会眉飞色舞、滔滔不绝。

有的时候如果是预约式地拜访某陌生人，那你最好有所准备。你首先应当对那位你即将拜访的客人做些了解。例如，向你们双方都认识的朋友打听一下对方的情况，关于他的职业、兴趣、性格之类，了解得越详细越好。

当你走进陌生人的住所时，可以凭借你的观察力，看看能否找到一些了解对方性格的线索。墙上挂的是哪位画家的画？如果是摄影作品，能否说明对方是摄影爱好者吗？

要知道，屋内的装饰摆设，可以表现出主人的喜好和情调，甚至有些物品会引出某段动人的故事。如果你把这些当做线索，不就可以了解主人心灵的某个侧面吗？了解了对方的一些喜好，不就有话题了吗？

交谈前，使用多种手段，尽可能地多了解对方，再对所获得的种种细微信息进行分析研究，由小见大，由微见著，作为交谈的基础。

讲话务必看清对象，从他的兴趣爱好、个性特点、文化水平、心情处境等入手。陌生人之间只要做到这一点，就能由细微处见品性。

亲和力让你和别人一见如故

亲和力是一种难得的个人魅力，它能唤起别人与你亲近的欲望，使别人愿意与你交往。

林肯这位美国历史上最伟大的总统，他的品行已成为后世的楷模，他是一位以亲切、宽容、悲天悯人著称的杰出领袖。而这一切都与他的亲和力密不可分。

在林肯的故居里挂着他的两张画像，一张有胡子，一张没有胡子。在画像旁边的墙上贴着一张纸，上面歪歪扭扭地写着一段话。

亲爱的先生：

我是一个11岁的小女孩，非常希望您能当选美国总统，因此请您不要奇怪我给您这样一位伟人写这封信。

如果您有一个和我一样的女儿，就请您代我向她问好。要是

愿你的生活既有善良，又有锋芒

您不能给我回信，就请她给我写吧。我有四个哥哥，他们中有两人已决定投您的票。如果您能把胡子留起来，我就让另外两个哥哥也选您。您的脸太瘦了，如果留起胡子会更好看。所有女人都喜欢胡子，那时她们也会让她们的丈夫投您的票。这样，您一定会当上总统。

格雷西

1860年10月15日

在收到小格雷西的信后，林肯立即回了一封信。

我亲爱的小妹妹：

15日前收到你的来信，非常高兴。我很难过，因为我没有女儿。我有三个儿子，一个17岁，一个9岁，一个7岁。我的家庭就是由他们和他们的妈妈组成的。关于胡子，我从来没有留过，如果我从现在开始留胡子，你觉得人们会不会认为有点可笑？

衷心祝福你的林肯

次年2月，当选的林肯在前往白宫就职途中，特地在小女孩所在的小城韦斯特菲尔德停了下来。他对欢迎的人群说："这里有我的一个小朋友，我的胡子就是为她留的。如果她在这儿，我要和她谈谈。她叫格雷西。"这时，小格雷西跑到林肯面前。林肯把她抱了起来，亲吻她的面颊。小格雷西高兴地抚摸他又浓又密的胡子。林肯笑着对她说："你看，我让它为你长出来了。"

这就是林肯的亲和力。亲和力让人萌发亲近的意愿，亲和力让陌生人对你一见如故。人们总是喜爱与谦和、温良的人交往，而不会心甘情愿地让自己处于一个威严的人之下。

如何具有令人着迷的亲和力？这是芸芸众生所共求的一个目标。那就是对别人要有发自内心的兴趣。

社会上许许多多的人，明显缺乏的便是这种对他人的兴趣。

其原因大多是他们在应对人际关系的人生舞台上既不具备天生的人格魅力，又不肯去努力。

我们应当建立起对别人的兴趣，明白我们应该做什么，不能做什么，友好地与人相处，发挥我们的人格魅力。

对于你所欲左右的人，对于希望与你合作的人，对于你身边的所有人，你务必要获得他们的

愿你的生活既有善良，又有锋芒

敬爱。而获得他们的敬爱，全凭你人格的魅力。要知道，一个浑身上下透出亲和力的人与一个整天板着脸的严肃的人相比，绝大多数的人都会选择前者作为自己的交往对象。

陌生人会对自信的人产生好感

"自信的人最美"，因为那种自信满满的样子会让人觉得充满希望，让人觉得活力十足、魅力万分。培养自信心，要从自己有兴趣的事情着手，多接触自己喜爱的事物，这样自信自然而然就会产生了。

在人际关系上，不论在什么场合，初次见面时过于热切地争取某种事物时，只会让人们以为你是一个惯于使用手段的人，一个自以为聪明的人。其结果通常是聪明反被聪明误。

人们对于惯于使用手段的人往往心存一道防线，并且本能地降低对对方的评价，怀疑他为人的诚实性，认为他心怀叵测，另有企图。

这种急于成功的人，其实还是对自己没有信心。他们害怕得不到别人的友情、喜欢、支持，害怕得不到自己所期望的东西。他们不敢告诉自己："对方是喜欢我的，支持我的。"他们甚至会怀疑："对方是否讨厌我？"

所以初次见面时，不论是何种状况，都要做到处乱不惊，并善于用眼神表达自己的友善、关怀和愿望，这是一种自信的表现。说话时善用眼神交流，能给人留下认真、可靠的印象。对于自信的人，一般人都会另眼相看，产生好感。如果你充满信心，对方会对你产生好感；如果你含含糊糊地进行自我介绍，流露出羞怯心理，会让对方感到你不能把握自己，以致对你有所保留。这样，彼此之间的沟通便有了障碍。

　　有个求职者自我介绍道："俗话说'胆小不得将军做'，对此，我却不敢苟同，有例为证：汉代韩信为渡过险境，忍了胯下之辱，可谓胆小，但是最终成了将军。本人素以胆小著称，却偏有鸿鹄之志，故斗胆前来应聘，我相信自己一定能够胜任这份工作。"言辞之间充分展现了求职者的聪慧与自信，具有一定的吸引力。

　　在交往中如果你缺乏信心，不妨找出自己的优点，那么你就不会因感到低人一等而自卑了。

积极表达展现个人魅力

　　以前，我们形容一个人外表的时候，喜欢用"漂亮""帅""可爱"等形容词，但现在，人们运用最频繁的词语换成了"有气场""御姐范儿"等词语。有时候,两个在一起的情侣分手了,也会用"气场不合"来解释分手的原因。那么,这个气场究竟是个什么东西呢?

其实,气场就是一个人在群体中所表现出来的一种气质。有时候,人们在一个处世沉稳的人面前会觉得安心,在一个阳光的人面前会觉得有活力,就是受了他们气场的影响。同样,我们说"物以类聚,人以群分",具有同样气场的人会互相吸引,从而走到一起。

市场上曾经有一本畅销书《秘密》,其中就提到了一个"吸引力法则"。这个"吸引力法则"认为:世上的万事万物都是由能量组合而成的,而能量就是一种振动频率,每样东西都有它不同的振动频率,那些振动频率一样的物体更容易凑在一起。当一个人的情绪积极向上时,接近他的人和事将是和善的,当一个人有负面情绪时,就会吸引带有负面情绪的人来接近你。

于是,负能量的人身边的东西也是以负能量为主,正能量的人身边的东西也会正能量越来越多。

其实,这个理论我们也可以在生活中得到证实。如果一个人总是喜欢抱怨,那么他身边的人也经常是满腹牢骚,因为没有哪个阳光乐天的人,会喜欢和总是抱怨的人在一起。

谁都不喜欢充满负能量的人,所以我们要学会保持一种积极的生活态度,因为很多时候,在别人眼里,说什么样的话,就代表我们是什么样的人。

比如，在和别人一起吃东西的时候，我们千万不要说"这里的环境真不怎么样"之类的很消极的话，因为坏情绪是可以传染的，这样的表达不只会影响别人的心情，还会影响别人对我们的看法，他们会因此觉得你是一个非常难相处的人，非常挑剔的人，不想和你继续来往。

在现实生活中，总有很多人认为只有外在环境或别人改变之后，自己才能改变，例如有人会认为有了钱就会快乐，但是其实情况恰好相反，只有有了快乐，有了积极的思想，才能够吸引更多的财富，只有自己变得优秀，那些与优秀相称的东西才会随之而来。

大卫是一个整天心情愉快、乐观向上的人。才二十几岁，他就已经是一位出色的经理了。因为大卫良好的态度，一些下属甘愿跟随他辗转于各个公司。他在公司的人缘极好，大家都愿意听他指挥，大家都说，和他一起工作，可以感受到满满的正能量，生活都变得积极向上起来。

但是，过了一段日子，大卫在走楼梯的时候不小心摔了下来，摔断了一条腿，很长时间都没有办法去上班，他的好朋友杰西知道了这个消息以后，买了一些水果去看他。

杰西以为他会愁容满面，没有想到他还是那么爱笑，哪怕只能坐着轮椅。杰西很担心，问他身体的有关情况，大卫说："没事，目前正在渐渐康复，过段时间就可以安假肢了。"

杰西对他的乐观感到难以理解，心想如果是自己发生这种事情，早就扛不住了，没想到大卫居然还是那么积极向上，更让杰西惊喜的是，过段时间再去看大卫的时候，他已经安上假肢并且可以不用轮椅了。

像大卫这样的人，无论遭受了什么困境，都能够保持乐观积极的心态，所以在他们的身边会聚集着很多人，这些人都是受到他的正能量感染的人，可以说，大卫这种人就是比较有个人魅力的。

个人魅力，简单说来，其实就是个人对他人的吸引力，但是说到底还是和我们的言语表达有关，在生活当中，如果我们能够学会积极地表达，不只对自己有好的影响，也会对他人有好的影响。

那么，如何才能拥有良好的个人魅力，提高自己的吸引力呢？下面，我们就来介绍两种技巧。

第一，"犯错误效应"，也称"白璧微瑕效应"，即小小的错误反而会使有才能的人提高吸引力。

美国社会心理学家埃利奥特·阿伦森设计了这样一个实验：在一场竞争激烈的演讲会上，有四位选手，两位才能出众，几乎不相上下，另两位才能平庸。才能出众的一名选手在演讲即将结束时不小心打翻了一杯饮料，而才能平庸的选手中也有一名碰巧打翻了饮料。实验结果表明：才能出众而犯过小错误的人更具有吸引力，才能出众但未犯过错误的排名第二，而才能平庸却犯错误的人最缺乏吸引力。

第二，利用眼神的力量。

爱默生曾经这样说过："人的眼睛和舌头所说的话一样多，不需要字典，却能够从眼睛的语言中了解整个世界。"目光炯炯有神体现了精力充沛，干劲十足；目光迟钝体现了为人木讷或是做事注意力不集中；目光清澈体现了坦然无畏，光明正大；目光浑浊体现了糊涂、不精明或是过度劳累；目光闪烁体现了神秘或是心虚；目光如炬体现了大义凛然。

在交际的过程中应该正确地利用好自己的目光语言，显示自身的气质，给人留下好的第一印象。

有位哲人曾经说过："你现在的外在世界，是过去内在思想的投射。"所以，我们应该学会控制自己的思想，从而控制自己的表达，只有有了积极的思想，才能够有积极的表达，才能够吸引到更多的人，更多的正能量，重点不是环境或者他人，重点在于改变自己。只有这样，你才能变成周围环境的主宰者，而不是一个随波逐流的人。

愿你的生活既有善良，又有锋芒

第八章
善良加点"坏"，更快获得爱

借鉴《恋爱兵法》，爱到深处不妨"趁火打劫"

恋爱中最痛苦的莫过于单相思——喜欢你的人，你不喜欢；你喜欢的人，不喜欢你。正所谓"强扭的瓜不甜"，恋爱是两个人的事，勉强的感情不会幸福，只会造成彼此的痛苦。生活中有太多的不完美和无奈。每当我们情到深处，爱一个人爱到疯狂的时候，上苍似乎总喜欢捉弄我们，难道爱的温度是零？爱不能温暖和融化对方的心吗？喜欢一个人最后却只能远远地望着他（她）吗？

爱要勇敢地争取，而不应卑怯地放弃。所以，要想抓住喜欢的人的心，首先要学会"趁火打劫"。

"趁火打劫"的原意是，趁人家家里失火，一片混乱，无暇顾及的时候去抢人家的东西，狠捞一把。所以，趁火打劫的行为一直为人们所不齿。因为乘人之危毕竟不光明，非君子之道。但是，在爱情的战争里，是指当对方失意、痛苦的时候，送上你的温暖，打动对方的心。因为在一个人最脆弱的时候，如果有人陪着他（她），他（她）会感到异常温暖和欣慰，也会因此敞开自己的心扉，拉近彼此之间的心理距离。

在爱情中，要了解对方的所需，在他（她）需要的时候送上

愿你的生活既有善良，又有锋芒

自己的帮助，但一定要心存善意和真诚，否则会弄巧成拙，引火烧身。此外还要把握住"打劫"的度，千万不要让这个联系感情的好时机，变成对方厌烦你的时刻。

在《恋爱兵法》这部电视剧中，王文清和金正浩之间的"爱情战争"中，就经常会用到"趁火打劫"这一招。王文清要负责欧阳明明的行程安排和宣传工作，而金正浩要负责公司的管理，两人都有难以分担给其他人的工作任务，常常会忙得焦头烂额。所以，这时采用"趁火打劫"的一招往往能收到奇效，收获自己的爱情。

在电影《乱世佳人》中，白瑞德先生为什么最终能让斯佳丽明白他的爱，就是因为他一次次挺身而出。凭借着对大局的准确把握，他在亚特兰大几次驾着马车，载着佳人冲出熊熊大火，然后又为她重建心中的家园。

"亲爱的，我爱你，我为你挨骂、玩绑票、装阅读障碍，甚至差点牺牲了可怜的企鹅朋友，即使你第二天就忘得一干二净，我也依然焦头烂额地日复一日——我打劫了你的爱，你偷取了我的心。"此情此景，心爱的他（她）能不跟你走天涯吗？

人是有感情的动物，或许很多人习惯冰封着自己的心，总是一副拒人于千里之外的样子，让人无法靠近。但其实，他（她）一直在等待一份能温暖自己心的"爱"。

我们要学会"趁火打劫"。在恰当的时刻，以合适的尺度进行"打劫"，这样才能"劫"得自己的"爱"。

消除陌生感，缩短与她的心理距离

一个聪明的男人，在与陌生女人相处时，必然会在缩短距离上下功夫，力求在短时间内消除陌生感，使双方在感情上融洽起来。

你有没有过这样的经验，当你在百货公司买衬衫或领带时，女店员总是会说："我替你量一下尺寸吧！"其实，她们这样做就是为了缩短与你的心理距离。因为对方在替你量尺寸时，她的身体势必会接近你，而空间距离的缩短就会拉近你们之间的心理距离。

当然，这里并不是说要你对一个陌生女人"动手动脚"。你可以通过言语上的一些技巧，消除与她的陌生感，让她觉得你们

愿你的生活既有善良，又有锋芒

好像早就认识了，从而对你有一种"自己人"的感觉。

在与陌生女人交往的过程中，要缩短与她们的心理距离，通常有以下几种方法：

1. 理解对方，投其所好

在和陌生女人交往之前，尽量对其性格、兴趣和爱好等有一个全面的了解，以便在相处的过程中理解对方。在交谈中，尽快找出对方的兴趣所在，投其所好，她自然会视你为知己。

2. 寻找共同点，把握交往尺度

在与陌生女人交往时，要坚持求同存异的原则，在交流中多寻求双方在兴趣和爱好方面的共同点。另外，还要避免犯交浅言深的毛病。刚开始与她们交谈时，不可要求彼此有深入的沟通，而要逐步深入，否则她们会觉得你这个人非常轻薄。

3. 看准时机，适时切入

看准情势，不放过应当发表言论的机会，适时地"自我表现"，能让对方充分了解自己。交谈是双方面的，光了解对方，不让对方了解自己，难以深谈。

4. 借用媒介，缩短距离

寻找自己与陌生女人之间的媒介物，以此找出共同语言，缩短双方之间的距离。例如，见到一位陌生女人手里拿着一个款式新颖的包，便可问："这个包真漂亮，是在哪里买的……"总

愿你的生活既有善良，又有锋芒

之，对女人的一切显出浓厚的兴趣，利用媒介物引导师她们畅所欲言，交谈便能顺利进行。

5. 谈话留有余地

在与女人说话的时候，不要总是自己一个人侃侃而谈，要多留一些空缺让对方补充，使对方感到双方的心是相通的，交谈是和谐的，便可以缩短距离。

6. 多用赞美，让女人开心

对于赞美，女人永远不会嫌多。一般来说，赞美分两种：直接赞美和间接赞美。直接赞美要诚恳、热情，间接赞美要有分寸。注意，赞美一定要自然，恰到好处，一定要分场合，不然你的赞美会适得其反。

7. 保持微笑

在女人面前，千万别忘记保持微笑，这样可以给女人一种和蔼可亲的印象，让她觉得你和她交往是热情而诚恳的。不可自以为是、心高气傲，应当诚心诚意地与对方交谈、交流。

8. 培养幽默感

在女人眼里，幽默感是男人的一大优点。因此，在适当的时候讲一个笑话，不但能缓解紧张的情绪，而且会营造愉快的气氛。

9. 注意谈吐与风度

与陌生女人相处要摆正自己的姿态，调整自己的策略，既不能狂傲放肆，也不能卑微拘谨，这样才能收到彼此深入了解的效果。

10. 留心倾听

在女人面前，你必须记住这一点：你对她们好奇，她们也对你好奇，你能增加她们的生活情趣，她们也能增加你的生活情趣。因此，仔细倾听，积极回应，是你必修的一门课。

11. 多称呼她的名字

女人往往对自己的名字感到格外亲切，当被人以亲切的口吻称呼名字时，会觉得非常温暖，会产生一种特别的效果。而且被称呼的次数越多会越高兴，并且对对方会产生好感。由此可见，亲切地称呼对方的名字，是消除对方戒心的有效方法。

另外，不同的人会有不同的需要。要想打动陌生女人，就得不失时机地针对其需要，运用能立即奏效的心理战术。通过她们的眼神、姿势等来推测她们当时的心思，再有效地运用心理战术，便能很快拉近与她们的心理距离。

含蓄地表达爱意更能取得对方的认可

胡朋是一个老实人，他爱上了同事小玉，他觉得小玉对自己也有那种意思，只是拿不准。因为这事，他神魂颠倒，茶饭

愿你的生活既有善良，又有锋芒

不思。

一天，他决心向小玉求爱，不管成不成，至少心里能踏实点，免得老是这样探不到底。刚巧，他出去办事时，在走廊里碰见了小玉。胡朋心里一冲动，说："小玉，你过来一下，我有话跟你说。"小玉走过来，问："什么事？""我爱你！你愿意跟我交朋友吗？"小玉毫无思想准备，大惊失色，啐道："神经病！"说完，她匆匆而去。胡朋受此打击，不要说求爱，连小玉的面都不敢见了。

求爱是一种特殊的信息交流，必须具备起码的前提条件。如果不讲求爱的方法和技巧，贸然向人家直来直去地求爱，结果只会遭到拒绝。

马克思曾经说过："在我看来，真正的爱情表现在恋人对他的偶像采取含蓄、谦恭甚至羞涩的态度。"含而不露的表白方式，是指用不包含"爱"的语言，表达"爱"的情感。这种方式适合于双方早已认识，并且有了较多的了解，而有一定文化教养、性格内向的人。由于这种方式发出的信息比较模糊，即使对方拒绝，也不至于难堪。

　　含蓄地表达爱意，可以使话语具有弹性，不至于遭到拒绝就没法挽回。再者，这也符合恋爱时的羞怯心理。

　　含蓄地表达爱意的方法多种多样，要根据具体对象、具体情况来灵活运用。假如你的恋人是一位文化水平不高的人，你就不能采用写深奥难懂的诗赠给对方的方式。如果这样，非但不能达到表示爱意的目的，还可能会引起不必要的误会。

听懂女人的话外音，不做她眼中的"木头"

　　其实，女人并没有我们想象的那么简单。有一些不能明说的话，她们会含蓄地表达出来。既想让你明白她们心中所想，又不破坏自己的淑女形象。这时候，你如果听不出来，她们可就真的拿你当"木头"了。

　　比如，你是一个部门主管，有一个女同事走进你的办公室，

　　　　　　愿你的生活既有善良，又有锋芒

然后对你说道："我快要累死了！昨天、前天和大前天晚上，我都加班到10点钟才回家，我真的是累坏了！"你身为领导，听了那个人说的话，一定要明白其中隐含的信息。也许很可能有其他信息，是你应该知道的。

那个女人想要传达的信息可能是这样的："我实在需要别人帮忙，我知道公司安排我做这个工作，是希望我自己一个人做。我担心的是，如果我对你说我需要帮忙，你会认为我没有做好本职工作，所以，我不想直接说出来，我只是想告诉你，我现在的工作压力太大了。"

隐含的信息也可能是这样的："上一次你评估我工作成绩的时候，提起工作态度的问题来，还说希望每个人都更加努力地工作，现在我只是想让你知道，我正在照着你的指示去做。"

另外，其中隐含的信息也有可能是："我有点担心，怕保不住工作，遭到公司辞退，所以我希望你能知道，我是个多么恪尽职责的职员。"

还有一个隐含的信息是："我希望你这位上级主管对我说：'我知道你工作很努力，我非常欣赏你的工作态度。'"

总之，根据不同的背景，你应该弄清"我快要累死了"这句话代表的意思。

如果你觉得自己是个"单纯"的男生，没有女人那么细腻的心思，没办法听懂她们所说的话，那么不妨试试下面的方法：

1. 听声

同一句话，用不同的声调表达出来，其含义就不一样，有时甚至完全相反。你可以通过捕捉女人声调中的异常，做出辨析，抓住其隐藏的心思。

"好啊！他行！他真行！"如果说话者说这句话时语调上扬，听者便能感觉出这是在赞扬某人。但如果说话者刻意压低语调，刻意拖长"行""真行"，那意思就刚好相反了，那就表示说话者对某人的严重不满，而这种不满情绪尽在言语之外。

在很多情况下，同样一个意思，可以用肯定句、否定句、感叹句、假设句、反问句等许许多多的形式表达，这就需要你结合语境仔细辨析了。

2. 辨义

女人总是从一定的角度出发来表达自己的思想。辨义主要是结合她们说话的角度，发现其中的异常因素，从而弄清她们的真正意图。

女人对于不好明说的事情，经常会换个角度含蓄地表达出来，所以你不要以为对方跑题了。只要你能结合具体场合来分析对方所说的话，就会很容易悟出对方的意图。

3. 观行

女人有时候碍于面子，难免会说些违心的话，这个时候表现

愿你的生活既有善良，又有锋芒

出来的就是言行不一。你只要注意观察她的具体行为，就能明白
其内心的真实想法。

有些女人心里不愉快或生你气的时候，不会直接表达内心
的不满。她们会绷着一张脸，用力地对你说："没什么！"
她们还有可能会用不耐烦的语气说："算了！算了！不跟你
计较！"一边说还一边走开。即使是小孩，也看得出她们在
生气！

其实，看透女人心思的方法有很多，最关键的就是要结合当
时的语境。只要你用心去听，留心当时的场合，就不难听出她们
隐晦的话外音。

喜欢她就大胆向她表白，不要错失良机

要想在情场上收放自如，找到如意的另一半，享受甜美的
爱情，就要大胆表达。只有表达出来，才会让别人知晓你心中
的所想。如果心中有爱却"金口难开"，终归会让爱神与你擦肩
而过。

李刚是个帅气的小伙子，暗恋着公司里一位漂亮的女孩，却
苦于不知如何表达。女孩的一颦一笑都令他动心，而女孩的变化
无常又让他觉得捉摸不定。一天见不到女孩，他便坐立不安、魂

不守舍。他很想向女孩倾吐自己的感情，但几次话到嘴边都泄了气。为此他深感苦恼，不知如何是好。

弗洛姆在《爱的艺术》一书中指出："爱，不是一种本能，而是一种能力，可经有效的学习而获得。"这真是一句鼓舞人心的话，让渴望爱情的人充满了憧憬。那么，我们要如何寻到自己心中的爱人呢？

吴丽是一位长得美丽且通情达理的姑娘，公司上上下下的人都喜欢她，特别是那几个还未找到女朋友的小伙子，更是有事无事地围着她转。不过，精明能干、风流倜傥的王鹏对她却总是一

副不屑一顾的神情。

过了一段日子，传出消息说吴丽"名花有主"了，男朋友竟是公司里最不起眼的张弛。看着他俩进一双出一对的甜蜜样子，有人不禁叹息道："唉，一朵鲜花插在牛粪上。"帅哥王鹏最为沮丧。原来，吴丽刚到公司上班时王鹏就喜欢上了她。他也看出，当自己的眼睛与吴丽相视时，她的目光总是亮亮的、柔柔的，闪动着一种妙不可言的东西。然而，当那几个长相一般的小伙子围着吴丽转的时候，王鹏的自尊心却在作怪。因为自己长得帅，身边有不少女孩子转来转去，就不愿屈尊去接近吴丽，但在心里却巴不得吴丽来接近自己。他一直固执地认为，这么漂亮的女孩只有我王鹏配得上。直到发现张弛获得了吴丽的爱情后，他才知道自己输得很惨。

确实，在现实生活里，不少人看见漂亮女孩找了个相貌平平的男朋友就会感到惋惜，认为不般配。然而，为什么这个平常的男士能赢得漂亮女孩的芳心呢？你别看女孩子含羞带笑，温柔文静，其实在她们的心里，早就将身边的男孩一个个地排起了队。那些主动热情的小伙子在她心目中的印象分自然很高。特别是漂亮的女孩，假如男孩能够发自内心地关心她们，即使男孩子相貌差些，说不定也能锁住她们的芳心。相反，如果仪表堂堂的小伙子由于自己长得帅，所以自视身价不低，不愿意主动示爱，即使漂亮的女孩起初也曾因其外表而有所心动，但时间一长，还是会选择能够明确表达爱意的男孩过日子。只要自己感觉幸福，别人爱怎么说就怎么说好了。

因此，所有想找漂亮女孩做女朋友的小伙子，当你爱上她时，千万别学这位帅哥王鹏，一定要"爱她在心就开口"，不然的话，吃亏的可就是你自己了。

愿你的生活既有善良，又有锋芒

有锋芒的善良，才能让人生闪亮。